# 의욕 따위
# 필요 없는
# 100가지
# 레시피

SEKAIICHI OISHII TENUKIGOHAN SAISOKU! YARUKI NO IRANAI 100RESHIPI
© HungryGrizzly 2019
First published in Japan in 2019 by KADOKAWA CORPORATION, Tokyo.
Korean translation rights arranged with KADOKAWA CORPORATION, Tokyo through BC Agency.


STAFF
디자인　三木俊一 + 守屋圭(文京図案室)
카메라맨　松永直子
스타일리스트　田中真紀子
일러스트　ぼく
조리협력　三好弥生 · 好美絵美
편집협력　深谷恵美
DTP　山本秀一 + 山本深雪(G-clef)
교정　文字工房燦光
촬영 도구협력　UTUWA
　　　　　　　03-6447-0070

**의욕 따위 필요 없는 100가지 레시피**

1판1쇄 펴냄  2021년 3월 31일
1판5쇄 펴냄  2024년 11월 8일

지은이 하라페코 그리즐리 ｜ 옮긴이 수키 ｜ 감수 최강록

펴낸이 김경태 ｜ 편집 손희경 / 조현주 홍경화 강가연
디자인 박정영 김재현 ｜ 마케팅 유진선 강주영
펴낸곳 (주)출판사 클
출판등록 2012년 1월 5일 제311-2012-02호
주소 03385 서울시 은평구 연서로26길 25-6
전화 070-4176-4680 ｜ 팩스 02-354-4680 ｜ 이메일 bookkl@bookkl.com

ISBN 979-11-90555-48-7  13590

출판사 클의 책을
만나보세요.

# 들어가며

'요리 초심자라 잘 모르지만, 공들여서 요리를 해보고 싶어' '일 때문에 피곤해서 힘들겠지만, 그래도 직접 음식을 만들고 싶어' '여하튼 바빠서 요리에 느긋하게 시간을 들일 수가 없어'. 한 번이라도 요리를 만들어본 적이 있는 분들이라면 이렇게 생각한 적이 있을 거예요.

이 책에는 요리가 익숙한 사람과 초심자 모두에게 도움이 될 만한 **쉽고 맛있게 만들 수 있는 요리**만 모았습니다. 저 또한 요리 초심자 시절에는 '맛있어 보이지만 어려울 것 같아, 못 하겠어'라며 만들기도 전에 지레 포기한 적이 몇 번이나 있습니다. 요리에 익숙해진 지금도 시간과 여유가 없어 '밥할 힘도 없어! 오늘은 컵라면!'이라며 지나가는 날도 있습니다.

요리를 하게 되더라도 귀찮은 건 귀찮은 법입니다. 그렇다고 매일 컵라면이나 레토르트 식품을 먹자니 죄책감이…… . 그래서 어떻게든 가능한 한 '대충' 하면서 '직접' 만들 궁리를 하게 됐습니다. 그러나 기본적으로 요리의 맛은 들이는 수고와 비례합니다.

- 오랜 시간 푹 끓일수록 재료는 부드러워진다.
- 여러 종류의 양념을 사용하면 깊은 맛이 난다.
- 다양한 재료로 낸 육수가 맛의 완성도를 높인다.

예를 들어, 몇 종류나 되는 향신료를 넣은 키마카레는 당연히 맛있고, 사오싱주(紹興酒, 찹쌀과 보리누룩을 원료로 한 중국 사오싱 지방의 양조주―옮긴이)를 사용해 몇 시간 동안 푹 끓인 돼지고기조림 또한 참을 수 없이 맛있습니다. 그러나 일반 가정에서 반나절 동안 끓이는 요리를 하거나 향신료를 수십 종류씩 갖춰놓기는 어렵습니다. 오히려 '그 정도로 품을 들이면 맛 없는 게 이상하지'라며 핀잔을 주고 싶어집니다.

'냉두부를 만드는 정도로 간단하면서 그럴듯한 요리를 만들 수 있다면 좋으련만.'

이런 생각에 사로잡힌 뒤, 직접 개설한 요리 블로그에 매일 '쉽고 맛있게 만들 수 있는' 레시피를 올리게 됐습니다. 반나절 동안 끓이거나 여러 향신료를 사용하는 요리는 하나도 없습니다. '적당히, 적당량, 약간' 같은 모호한 표기도 등장하지 않습니다. 식재료니 양념도 슈퍼마켓에서 구할 수 있는 것으로 한정했습니다.

그렇게 레시피 개발에 몰두한 결과, 감사하게도 많은 분에게 큰 호평을 받았고 책으로 출간하게 되었습니다. 여러분 덕에 얻게 된 '출간 기회'를 절대 헛되이 하지 않겠다는 마음으로 처음부터 끝까지 실용적인 책을 만들고자 했습니다.

이 책의 레시피는 누가 만들더라도 '냉두부를 만드는 정도로 간단'하고 '공들인 것처럼 맛있게 완성'되는 '세상에서 가장 맛있는 간단 식사'를 목표로 했습니다. 기왕이면 철저하게 '간단하고 맛있는 요리'라는 원칙을 지키려고 했습니다. 모든 레시피는 '어떻게 해야 간단하고 맛있게 만들 수 있을까'만 생각했고, 아래와 같은 원칙을 고수했습니다.

- 아무리 맛있어도 복잡한 레시피는 금물. 레시피가 복잡하면 간단하게 수정한다.
- 10초라도 줄일 수 있다면 망설이지 말고 그 방법을 선택한다.
- 누가 만들어도 100% 성공할 만큼 알기 쉬운 레시피를 만든다.

그리고 긴 시간에 걸쳐, 드디어 저부터 고개를 끄덕일 만한 '세상에서 가장 맛있는 간단 식사'를 완성했습니다. 믹서기 같은 도구가 필요하거나 반나절 동안 끓여야 하는 요리는 없습니다. 고수처럼 일상적이지 않은 양념이나 향신료는 물론, 어려운 공정도 전혀 없습니다.

기본적으로 '섞기만 하면' 되는 요리, '재료를 한데 담아 전자레인지에 돌리기만 하면' 되는 요리가 메인입니다. 언뜻 복잡해 보이는 요리도 있지만, 그 또한 '처음부터 마지막까지 프라이팬이나 냄비 하나로 만들 수 있는' 요리입니다.

요리 초심자, 바빠서 요리에 쓸 시간이 없는 사람. 이 책은 바로 여러분을 위한 책입니다. **누가 하더라도 '100% 간단하고 맛있게 만들 수 있는 레시피 책'을 목표로 만들었으니까요.**

'바빠서 좀처럼 요리할 시간이 없다'거나 '정성 들여 요리하고 싶지만, 초심자라 어려워 보여서 못 만들겠다'라며 불안해하는 분들이 이 책을 통해 '이렇게 간단한데 맛있게 완성됐네!'라고 기뻐하며 '요리하는 시간'을 조금이라도 '설레고 즐거운 시간'으로 느낄 수 있게 된다면 더할 나위 없이 기쁘겠습니다.

하라페코 그리즐리

# 차례

## 역대급 인기 메뉴 10

## 초스피드 안주

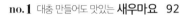

## 매혹적인 면 요리

## 궁극의 반찬

## 완벽한 밥 요리

## 간편한 일품요리

## 최고의 카레

# 나를 위한 디저트

**한국어판 일러두기**

• 이 책에서 *은 저자의 설명, ●은 한국 독자를 위한 옮긴이의 설명입니다.

• 이 책에서 '반나절'은 약 4~6시간을 가리킵니다.

• 외래어와 외국어 표기는 국립국어원 외래어 표기법을 따랐습니다.

# 이 책의 활용법

## 계량에 관하여

- 1큰술은 15ml, 1작은술은 5ml, 튜브 양념 2cm는 1/2작은술입니다.

## 재료에 관하여

- 후추소금은 후추와 소금이 함께 들어 있는 시판 제품을 사용했습니다.
- 멘쓰유는 2배 농축 제품을 사용했습니다. 국수장국 원액으로 대체 가능합니다.
- 과립 콩소메는 치킨스톡 분말로 대체 가능합니다.
- 혼다시는 멸치다시다로 대체 가능합니다.
- 튜브 생강과 튜브 마늘은 간생강, 간마늘로 대체 가능합니다.
- 중농소스는 돈가스소스로, 오코노미야키소스는 돈가스소스에 우스터소스나 케첩을 섞어 대체 가능합니다.
- 껍질을 벗기거나 씨, 꼭지를 떼는 공정은 생략되어 있습니다.
- 달걀, 감자, 양파 등은 모두 M 사이즈를 기준으로 개수를 표기하고 있습니다.
- 다진 고기로는 소고기, 돼지고기, 소와 돼지 혼합육 중 어느 것을 사용해도 됩니다.
- 버터는 가염 버터를 사용했습니다.
- 디저트를 만들 때 사용하는 밀가루는 일반적으로 박력분을 사용합니다.

## 가열 시간에 관하여

- 가정용 가스레인지, 인덕션 등 기종에 따라 화력, 출력이 다른 경우가 있습니다.
- 가열 시간은 어디까지나 기준이므로, 불 세기를 확인하면서 조절하세요.
- 특히 고기나 해산물을 다루는 요리에서는 얼마나 익었는지 실제로 확인하세요.

## 조리 도구에 관하여

- 전자레인지의 가열 시간은 500W 기종 기준입니다. 700W 기종 전자레인지를 사용하는 경우, 0.5배로 환산하여 가열 시간을 조절해서 사용합니다. 예) 500W 기준 2분 → 700W 기준 약 1분 30초
- 오븐 토스터는 1,000W 기종입니다. 설정한 시간이 끝나면 바로 꺼냅니다. 남아 있는 열로 익히지 않습니다.
- 기종에 따라 조리 시간이 달라질 수 있습니다. 요리가 익었는지 실제로 확인하며 진행합니다.

# 양념

## 이것만 갖춰두면
## 문제없다!

이 양념들만 있으면 두반장이 없어도 마파두부를 만들 수 있고, 사프란이 없어도 파에야를 만들 수 있어요. 사놓고 다 쓰지 못해 양념이 굴러다니는 상황을 막을 수 있답니다.

### 기본 중의 기본

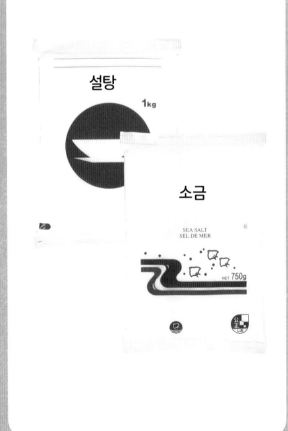

### 스타팅 멤버

# 25가지 양념으로
# 100가지 레시피 완성!!

## 있으면 편리한 것

중농소스●

우스터소스

오코노미야키소스

폰즈소스

파르메산 치즈 가루

흑후추

식용유(볶음용)

고체 카레

● 우스터소스, 농후濃厚 소스와 비슷하나, 맛과 점성에서 차이가 있다.
우스터소스의 점성이 가장 낮고, 다음이 중농소스 농후소스 순이다.

최강의 토핑
# 달걀
## 강력 추천하는 3가지 조리법

요리에 따라
이 3가지 달걀 중 하나를 토핑하면
간단 요리가 손쉽게 업그레이드!

# 1

식감이 뛰어난
## 삶은 달걀

**재료**(만들기 쉬운 분량)
___

달걀 …… 3개
___

**1**
끓는 물에 달걀을 껍데기째 조심히 넣고, 6분간 삶는다.

냄비에
달걀 3개
6 분
중불

**2**
얼음물에 3분간 담갔다가 껍데기를 벗기면 완성.

3 분

\* 달걀은 처음부터 넣지 말고, 물이 끓은 뒤에 넣으세요.
\* 달걀 껍데기는 흐르는 물에 대고 까면 잘 벗겨져요.

# 2

세상에서 가장 맛있는

## 조린 달걀

**재료**(만들기 쉬운 분량)

삶은 달걀 …… 3개
멘쓰유 …… 150ml

완성!

**1**
밀폐 용기에 삶은 달걀과 멘쓰유 100ml를 넣는다.

밀폐 용기에

멘쓰유 100ml
삶은 달걀 3개

**2**
삶은 달걀을 키친타월로 덮고, 그 위에 멘쓰유 50ml를 붓는다. 용기에 뚜껑을 덮어 냉장고에서 반나절 보관하면 완성.

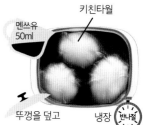

키친타월
멘쓰유 50ml
뚜껑을 덮고
냉장 반나절

---

# 3

입안에서 살살 녹는

## 온천 달걀

**재료**(만들기 쉬운 분량)

달걀 …… 1개
물 …… 1작은술

* 가열할 때 랩은 씌우지 않습니다.
* 흰자가 익고 노른자가 익기 시작할 때까지 상태를 보면서 가열 시간을 10초씩 늘려보세요.
* 온천 달걀만 먹을 때는 멘쓰유 1작은술을 뿌리면 맛있어요!

**1**
작은 내열 용기에 달걀과 물을 넣는다.

작은 내열 용기에

물 1작은술
달걀 1개

**2**
전자레인지에 30~50초 돌려서 남은 물을 제거하면 완성.

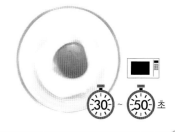

30 ~ 50 초

# 역대급 인기 메뉴 10

'이렇게나 간단한데 맛있고 그럴싸한 요리가 완성되는구나!'
어떤 요리부터 시작해도 그렇게 생각할 수 있는 책을 만들고자 했습니다.
여기서는 특히 블로그에서 인기가 좋았던
'간단하고 맛있는' 10가지 레시피를 소개합니다.
'재료를 그릇에 담아 데우기만 하면 완성'되는 등
요리를 처음하는 사람도 손쉽게 만들 수 있는 레시피로 구성했습니다.
가장 쉬워 보이는 요리부터 만들어 맛보면서
'간단하고 맛있는 요리'와 친숙해지기를 바랍니다.

no.  **1**

## 세상에서 가장 만들기 쉬운 간단 안주

# 돼지고기조림

**재료**(2~3인분)

_____

• 통삼겹살 ······ 200g
• 대파 ······ 10cm

**양념**
• 간장 ······ 50ml
• 미림 ······ 50ml
• 콜라 ······ 100ml

_____

**추천 토핑**
• 무순

응용 레시피
### 돼지고기조림덮밥

밥 위에 돼지고기조림을 국물째 얹으면 덮밥이 완성됩니다! 조린 달걀을 올려도 맛있어요!

# 1
삼겹살과 대파를 한입 크기로 썬다. 삼겹살은 군데군데 구멍을 내준다.

조리용 젓가락이나 포크로 찔러

삼겹살 200g

대파 10cm

# 2
내열 용기에 **1**과 모든 양념을 넣는다.

내열 용기에 담고

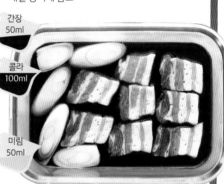

간장 50ml

콜라 100ml

미림 50ml

# 3
랩을 씌워 전자레인지에 10분간 돌리면 완성.

랩을 씌워

약  분

대꼬챙이로 찔렀을 때 투명한 육즙이 나오면 OK.

\* 콜라의 탄산은 육질을 부드럽게 하고, 단맛은 맛의 깊이를 더해줍니다.
\* 대파가 없어도 만들 수 있지만, 넣으면 잡내를 잡아줍니다. 푹 익은 대파의 맛 또한 일품이에요!

역대급 인기 메뉴 10

no. ②

절대 실패할 일 없는
# 황금 카르보나라

## 재료(1인분)

- 파스타 면 ...... 100g
- 베이컨 ...... 20g

### 양념

- 흑후추 ...... 기호에 따라

### 소스 재료

- 달걀 ...... 1개
- 우유 ...... 1큰술
- 과립 콩소메 ...... 1작은술
- 파르메산 치즈 가루 ...... 1큰술
- 튜브 마늘 ...... 2cm

### 추천 토핑

- 파르메산 치즈 가루
- 이탈리안파슬리

**응용 레시피**

## 시금치베이컨소테

남은 베이컨과 시금치를 버터에 볶으면 안주로 좋은 소테가 완성 돼요!

마늘 2cm

베이컨 20g

우유 1큰술

치즈 1큰술

콩소메 1작은술

달걀 1개

**1**

그릇에 한입 크기로 썬 베이컨과 소스 재료를 넣어 섞는다.

**2**

달구지 않은 프라이팬에 1을 넣는다. 따로 파스타 면을 삶기 시작한다.

**3**

삶은 파스타 면 100g

삶은 파스타 면을 프라이 팬에 넣어 약불에서 걸쭉 해질 때까지 재빠르게 휘 젓는다.

접시에 담고 마무리로 흑후 추를 두세 번 뿌리면 완성.

걸쭉해질 때까지

약불

역대급 인기 메뉴 10

no. **3**

## 한번 젓가락을 들면 멈출 수 없다!
# 산뜻한 닭봉조림

## 재료(2~3인분)

• 닭봉 ⋯⋯ 500g(약 10개)

### 양념
• 간장 ⋯⋯ 50ml
• 식초 ⋯⋯ 50ml
• 미림 ⋯⋯ 50ml

### 추천 토핑
• 생강
• 쪽파
• 조린 달걀

응용 레시피

### 쓰케멘

남은 국물에 물 150ml, 튜브 마늘 3cm, 참기름 1작은술, 혼다시 1작은술을 넣어 끓이면 쓰케멘 소스가 완성돼요!

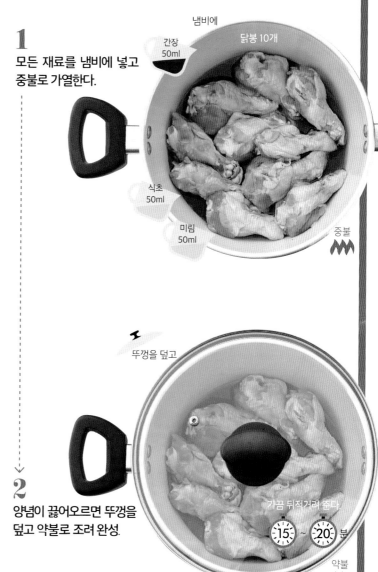

**1**

모든 재료를 냄비에 넣고 중불로 가열한다.

냄비에

간장 50ml    닭봉 10개

식초 50ml

미림 50ml    중불

뚜껑을 덮고

**2**

양념이 끓어오르면 뚜껑을 덮고 약불로 조려 완성.

가끔 뒤적거려 준다.

15 ~ 20 분

약불

\* 포인트가 없을 정도로 조리법이 간단해 쉽고 맛있게 완성됩니다.

역대급 인기 메뉴 10

no.  4

식욕을 돋우는 매콤한 풍미!

# 돼지김치야키우동

## 재료(1인분)

- 냉동 우동 면 ····· 1봉지
- 얇게 저민 삼겹살 ····· 70g
- 김치 ····· 50g
- 달걀노른자 ····· 1개 분량

### 양념
- 멘쓰유 ····· 1큰술

### 볶음용
- 참기름 ····· 1큰술

### 추천 토핑
- 쪽파

## 1
냉동 우동 면을 전자레인지에 4분 10초간 돌린다.

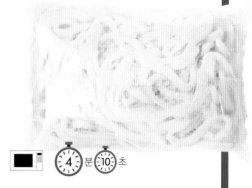

⬛ 📺 ④ 분 ⑩ 초

달군 프라이팬에 기름을 달궈서

참기름 1큰술

삼겹살 70g

김치 50g

고기 색이 변할 때까지

중불

## 2
삼겹살을 한입 크기로 썰어 김치와 함께 참기름으로 중불에서 익힌다.

### 응용 레시피
## 김치달걀수프

남은 김치에 물 200ml, 혼다시 1/2작은술을 넣고 끓이다 달걀을 풀어 넣으면 김치달걀수프가 완성돼요!

## 3
우동 면과 멘쓰유를 넣고 볶다가 양념이 배어들면 완성.

멘쓰유 1큰술

중불

22
──
23

* 냉동 우동 면의 해동 시간은 어디까지나 기준일 뿐이지만, 4분 10초가 가장 안정적입니다. 덜 해동된 부분이 없고, 그렇다고 너무 뜨겁지도 않게 적당히 해동됩니다.

접시에 담고 달걀노른자를 올린다.

카페 스타일

# 치킨데리야키달걀덮밥

## 재료(1인분)

• 토막 낸 닭다릿살 …… 150~200g
• 밥 …… 150g

### 양념
• 간장 …… 2큰술
• 맛술 …… 2큰술
• 설탕 …… 1큰술

### 볶음용
• 식용유 …… 1큰술

### 추천 토핑
• 조린 달걀
• 양상추
• 방울토마토

**응용 레시피**

# 닭꼬치덮밥 스타일

고기를 구울 때 대파도 함께 구우
면 부드럽게 익은 대파가 닭꼬치
덮밥 같은 맛을 내줘요!

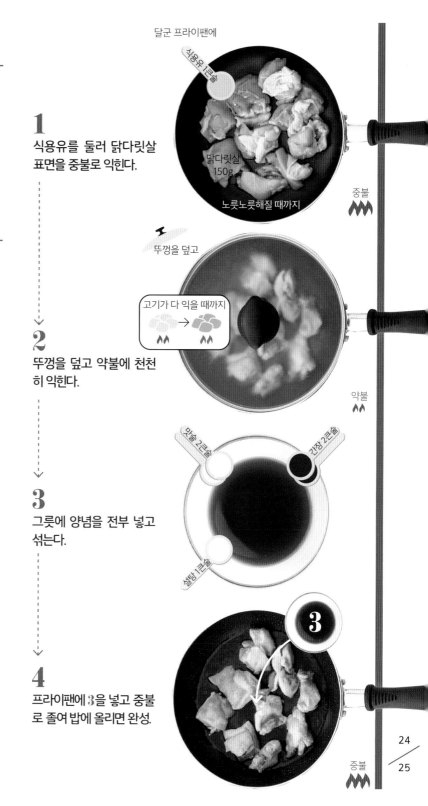

**1**

식용유를 둘러 닭다릿살
표면을 중불로 익힌다.

달군 프라이팬에

식용유 1큰술

닭다릿살
150g

노릇노릇해질 때까지

중불

**2**

뚜껑을 덮고 약불에 천천
히 익힌다.

뚜껑을 덮고

고기가 다 익을 때까지

약불

**3**

그릇에 양념을 전부 넣고
섞는다.

맛술 2큰술

간장 2큰술

설탕 1큰술

**4**

프라이팬에 3을 넣고 중불
로 졸여 밥에 올리면 완성.

중불

역대급 인기 메뉴 10

no.  6

범상치 않은 맛의

# 잔멸치피망볶음

## 재료(1~2인분)

- 피망 ······ 5개
- 잔멸치 ······ 30g

### 양념

- 간장 ······ 1작은술
- 미림 ······ 1작은술
- 혼다시 ······ 1/2작은술

### 볶음용

- 참기름 ······ 1작은술

### 추천 토핑

- 볶은 흰깨

**1**

피망을 얇게 썬다.

피망 5개

프라이팬에 기름을 달궈서

**2**

참기름을 두르고 피망, 잔 멸치를 중불에서 볶는다.

참기름 1작은술

잔멸치 30g

재료에 기름기가 돌 때까지

중불

간장 1작은술

미림 1작은술

혼다시 1/2작은술

**3**

양념을 전부 넣고 잘 섞어 주면 완성.

중불

### 응용 레시피

## 잔멸치파폰즈

남은 잔멸치에 얇게 썬 파와 폰즈 소스를 섞어주면 잔멸치파폰즈 완성!

# 진짜 맛있어서 꼭 한번 먹어봐야 할
# 단무지볶음밥

## 재료(1인분)

- 비엔나소시지 …… 3개(50g)
- 달걀 …… 1개
- 따뜻한 밥 …… 200g(덮밥 1그릇 분량)
- 단무지 …… 5조각(70g)

### 양념
- 후추소금 …… 2~3꼬집
- 간장 …… 1작은술
- 참기름 …… 1작은술

### 볶음용
- 참기름 …… 1큰술

### 추천 토핑
- 고수
- 볶은 흰깨
- 홍고추

**응용 레시피**

## 단무지주먹밥

남은 단무지를 다져서 양념한 가
다랑어포와 함께 섞어 주먹밥을
만들면 맛있어요!

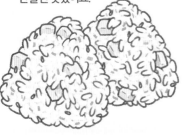

달걀 1개

비엔나소시지 3개          단무지 5조각

## 1
단무지는 큼직하게 다지
고, 비엔나소시지는 동그
랗게 썬다. 달걀은 풀어놓
는다.

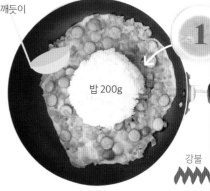

달군 프라이팬에

참기름 1큰술

재료에 기름기가 돌 때까지          중불

## 2
참기름을 두르고 단무지,
비엔나소시지를 중불로 볶
는다.

국자로 으깨듯이

밥 200g

강불

## 3
잘 풀어놓은 달걀을 바깥
쪽에 두르듯 넣고, 밥을 얹
은 뒤 강불로 볶는다.

후추소금
2~3꼬집          간장 1작은술          참기름 1작은술

## 4
후추소금, 간장, 참기름을
넣고 20초 정도 볶으면 완
성.

\* 염분이 들어간 고기라면 베이컨이든
햄이든 차슈든 전부 OK.

강불

자꾸 생각나는 부드러운 매콤함!

# 냉탄탄멘

## 재료(1인분)

- 중화면(인스턴트 면도 가능) …… 1봉지
- 다진 고기 …… 100g
- 우유(차가운 것) …… 350ml

### 양념
- 일본된장 …… 1큰술
- 멘쓰유 …… 70ml
- 고추기름 …… 1작은술

### 볶음용
- 참기름 …… 1큰술

---

### 추천 토핑
- 쪽파
- 볶은 흰깨

**변형 레시피**

우유 대신 두유를 사용하면 풍미가 더해져 훨씬 맛있어요!

프라이팬에 기름을 달궈서

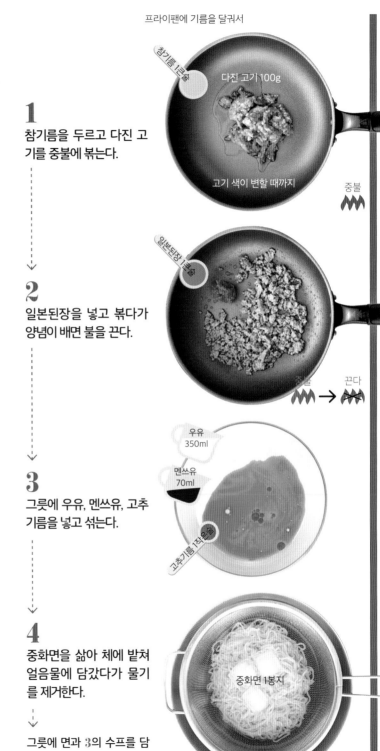

**1**

참기름을 두르고 다진 고기를 중불에 볶는다.

참기름 1큰술

다진 고기 100g

고기 색이 변할 때까지

중불

**2**

일본된장을 넣고 볶다가 양념이 배면 불을 끈다.

일본된장 1큰술

중불 → 끈다

**3**

그릇에 우유, 멘쓰유, 고추기름을 넣고 섞는다.

우유 350ml

멘쓰유 70ml

고추기름 1작은술

**4**

중화면을 삶아 체에 밭쳐 얼음물에 담갔다가 물기를 제거한다.

중화면 1봉지

그릇에 면과 **3**의 수프를 담고 일본된장에 볶은 다진 고기를 올리면 완성.

# 단골 술집의 맛!
# 일품 소금가라아게

## 재료(1~2인분)

• 토막 낸 닭다릿살……250g

### 양념

☆튜브 마늘 …… 2cm
☆식초 …… 1큰술
☆맛술 …… 1작은술
☆혼다시 …… 1작은술
☆소금 …… 1/2작은술
◇전분 …… 3큰술
◇후추소금 …… 1/2작은술

### 튀김용

• 식용유 …… 프라이팬 바닥에서 2cm
  정도 올라오는 양

### 추천 토핑

• 레몬
• 스프링파슬리

---

**응용 레시피**

## 가라아게마요토스트

남은 가라아게를 슬라이스해서
빵 위에 올린 뒤, 마요네즈를 뿌려
토스터에 구우면 맛있어요!

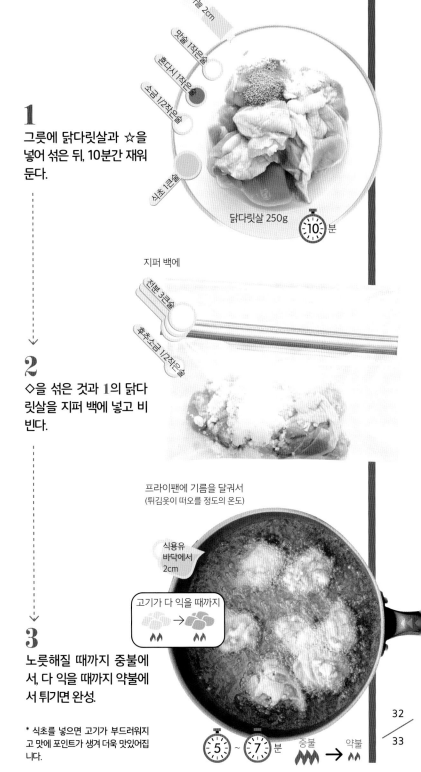

마늘 2cm
맛술 1작은술
혼다시 1작은술
소금 1/2작은술
식초 1큰술
닭다릿살 250g

**1**
그릇에 닭다릿살과 ☆을
넣어 섞은 뒤, 10분간 재워
둔다.

10분

지퍼 백에

전분 3큰술
후추소금 1/2작은술

**2**
◇을 섞은 것과 **1**의 닭다
릿살을 지퍼 백에 넣고 비
빈다.

프라이팬에 기름을 달궈서
(튀김옷이 떠오를 정도의 온도)

식용유
바닥에서
2cm

고기가 다 익을 때까지

**3**
노릇해질 때까지 중불에
서, 다 익을 때까지 약불에
서 튀기면 완성.

\* 식초를 넣으면 고기가 부드러워지
고 맛에 포인트가 생겨 더욱 맛있어집
니다.

5 ~ 7 분    중불 → 약불

# 바쁜 아침에도 뚝딱!
# 간편 프렌치토스트

## 재료 (직경 12cm의 내열 그릇 1개 분량)

- 달걀 ······ 1개
- 우유 ······ 100ml
- 식빵(약 1.5cm 두께) ······ 2장

### 양념
- 설탕 ······ 2큰술

### 추천 토핑
- 캐러멜시럽
- 처빌
- 슈거 파우더

**응용 레시피**

## 식사 대용!
## 소금프렌치토스트

설탕 대신 소금 1/2작은술을 넣고 베이컨과 달걀을 곁들이면 한 끼 식사가 돼요!

* 작은 내열 볼이나 큰 머그 컵 등을 사용해보세요.

작은 내열 용기에

달걀 1개

우유 100ml

설탕 2큰술

**1**

내열 용기에 달걀, 우유, 설탕을 넣고 섞는다.

식빵 2장

**2**

식빵을 한입 크기로 잘라 1에 넣고, 달걀물이 배도록 담가둔다.

약 3 분

**3**

랩을 씌우지 않고 전자레인지에 3분간 돌린다.

그릇에서 꺼내면 완성.

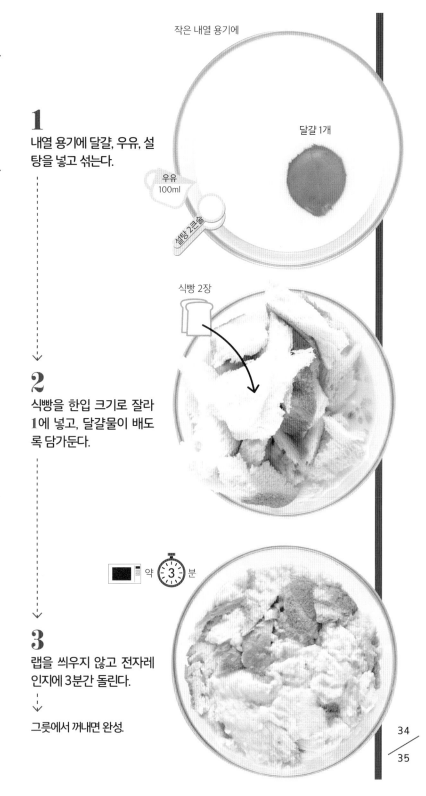

34
35

# 초스피드 안주

'최소한의 부담'으로 '최대한의 맛'을 내는 요리,

그게 바로 '안주'라고 생각합니다.

작은 그릇에 예쁘게 담겨 있는 모습이

언뜻 만들기 어려워 보일 수도 있습니다.

그러나 사실 안주야말로 '간단하게, 빠르게, 맛있게'라는 3박자가 갖춰진 요리입니다.

본격적인 요리 같아 보여도

'양념장을 만들어 뿌리거나' '재료를 봉투에 넣고 비비기만' 하면 되는

초간단 안주를 소개합니다.

초스피드 안주

no. **1**

## 치즈와 마요네즈를 듬뿍!
# 풍미 짙은
# 아보카도구이

**재료**(1인분)

• 아보카도 ⋯⋯ 1개

**양념**

• 모차렐라 치즈 ⋯⋯ 기호에 따라(약 40g)
• 마요네즈 ⋯⋯ 기호에 따라(약 10g)

**추천 토핑**

• 흑후추
• 이탈리안파슬리

아보카도 1개

**1**

아보카도를 반으로 잘라 씨를 제거한다.

치즈가 녹을 때까지

치즈        마요네즈
기호에 따라   기호에 따라

  ~ 3 분

**2**

씨를 제거한 부분에 치즈를 넣고 마요네즈를 뿌려 전자레인지에 돌리면 완성.

**응용 레시피**

씨를 제거한 부분에 방울토마토를 반씩 잘라 넣어도 새콤해져 맛있어요!

초스피드 안주

no. **2**

## 마늘과 간장 향이 솔솔
# 본격 참치육회

### 응용 레시피
## 보너스 육회달걀덮밥

달걀덮밥 위에 육회를 올리면 마무
리 육회달걀덮밥이 완성돼요!

**재료**(1인분)

- 횟감 참치 …… 100g
- 달걀노른자 …… 1개 분량

**양념**

- 튜브 마늘 …… 2cm
- 간장 …… 1작은술
- 참기름 …… 1작은술

**추천 토핑**

- 쪽파
- 볶은 흰깨

원래 형태가 사라질 때까지

참치 100g

# 1
참치를 부엌칼로 다진다.

# 2
1과 모든 양념을 섞어준 뒤, 가운데
에 달걀노른자를 올리면 완성.

초스피드 안주

no. **3**

# 초간단! 멘쓰유 고추기름을 곁들인

# 매콤 두부

## 재료(1~2인분)

- 두부 …… 반모

### 양념

- 멘쓰유 …… 1큰술
- 참기름 …… 1큰술
- 고추기름 …… 1작은술

### 추천 토핑

- 쪽파
- 볶은 흰깨

멘쓰유 1큰술

참기름 1큰술

고추기름 1작은술

두부 반모

**1**
그릇에 올린 두부에 모든 양념을 섞어 뿌리면 완성.

---

응용 레시피

## 두부치즈

두부 위에 슬라이스 치즈를 올려 녹을 때까지 가열하면 서양식 안주가 완성돼요!

초스피드 안주

no. **4**

**1분이면 완성하는 본격 안주**

# 문어와 오이
# 초된장무침

## 재료(2~3인분)

- 횟감 문어 …… 100g
- 오이 …… 1개

### 양념
- 식초 …… 2큰술
- 일본된장 …… 2큰술
- 설탕 …… 2큰술
- 튜브 겨자 …… 1작은술

오이 1개

문어 100g

**1**

문어와 오이를 얇게 저민다.

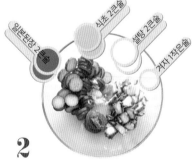

일본된장 2큰술

식초 2큰술

설탕 2큰술

겨자 1작은술

**2**

1과 모든 양념을 섞으면 완성.

시원함에 중독되는
# 냉토마토

## 재료(2~3인분)

- 토마토 …… 2개
- 양파 …… 1/4개

## 양념
- 튜브 마늘 …… 2cm
- 올리브오일 …… 2큰술
- 폰즈소스 …… 1큰술
- 후추소금 …… 2꼬집

## 추천 토핑
- 이탈리안파슬리

토마토 2개

**1**

토마토를 얇게 썬다.

**2**

양파를 다진다.

양파 1/4개

응용 레시피
## 피자토스트

냉토마토와 치즈를 빵에 올려 오
븐 토스터에 구우면 피자토스트
가 완성돼요!

**3**

양파와 모든 양념을 섞어
토마토에 뿌리면 완성.

마늘 2cm

올리브오일 2큰술

후추소금 2꼬집

폰즈소스 1큰술

* 폰즈의 신맛과 마늘이 절묘하게 어
우러집니다!

초스피드 안주

no. **6**

## 자꾸 찾게 되는 부드러운 매콤함
# 두부김치

**응용 레시피**
## 두부김치스테이크

두부를 노릇노릇하게 구워 두부스
테이크를 만들어도 맛있어요!

**재료**(1인분)

- 두부 ⋯⋯ 반모
- 김치 ⋯⋯ 2큰술

**양념**
- 시오콘부● ⋯⋯ 1줌(약 5g)
- 참기름 ⋯⋯ 1큰술

**추천 토핑**
- 볶은 흰깨

김치 2큰술

두부 반모

**1**
그릇에 두부, 김치 순으로 담는다.

시오콘부 1줌

참기름 1큰술

**2**
시오콘부를 올리고 참기름을 뿌리면
완성.

\* 김치를 적당한 크기로 썰어 올리면 먹기도 좋고 더
욱 안주다워집니다!

● 소금에 절인 다시마.

초스피드 안주

no. **7**

# 튀김 절임 스타일의 가지구이

## 응용 레시피
### 산뜻한 가지구이
멘쓰유 대신 폰즈소스를 사용하면
산뜻하게 먹을 수 있어요!

---

**재료**(1~2인분)

• 가지 …… 2개

**양념**

• 튜브 생강 …… 2cm
• 멘쓰유 …… 40ml
• 물 …… 1큰술

**볶음용**

• 식용유 …… 1큰술

---

**추천 토핑**

• 쪽파
• 볶은 흰깨

가지 2개

**1**
가지를 얇게 썬다.

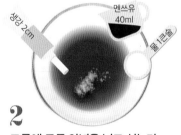
생강 2cm
멘쓰유 40ml
물 1큰술

**2**
그릇에 모든 양념을 넣고 섞는다.

프라이팬에 기름을 달궈서
식용유 1큰술
노릇한 색이 날 때까지
중불

**3**
식용유를 두르고 가지를 중불에서 구운 뒤, 그릇에 담아 **2**를 뿌리면 완성.

초스피드 안주

no. **8**

계속 먹고 싶어지는
# 양배추삼겹살볶음

## 재료(2~3인분)

- 얇게 썬 삼겹살 …… 80g
- 양배추 …… 4~5장(100g)

### 양념

- 식초 …… 2작은술
- 간장 …… 2작은술
- 후추소금 …… 2꼬집

### 추천 토핑

- 홍고추
- 볶은 검은깨
- 연겨자

양배추 4장

# 1

돼지고기는 4~5cm 폭으로 썰고,
양배추는 얇게 썬다.

내열 용기에

돼지고기는
펼쳐서

후추소금
2꼬집

삼겹살 80g

식초 2작은술

간장 2작은술

랩을 씌워 **3** 분

# 2

내열 용기에 양배추, 돼지고기, 식초,
간장, 후추소금 순서로 넣고 전자레
인지에 3분 돌리면 완성.

\* 고기가 안 익었다면 가열 시간을 늘립니다.
\* 삼겹살 대신 자투리 고기를 넣어 더욱 저렴하게 만
들어도 OK입니다!

초스피드 안주

no. **9**

# 아보카도
# 타르타르무침

**응용 레시피**

식빵에 올려 오픈샌드위치나 토스트를
만들어 먹어도 맛있어요!

**재료**(1~2인분)

- 아보카도 …… 1개
- 삶은 달걀 …… 1개

**양념**

- 마요네즈 …… 3큰술
- 식초 …… 1작은술
- 설탕 …… 1/2작은술
- 후추소금 …… 2꼬집

**추천 토핑**

- 스프링파슬리

삶은 달걀 1개

**1**

아보카도는 먹기 좋은 크기로 썰고,
삶은 달걀은 큼직하게 다진다.

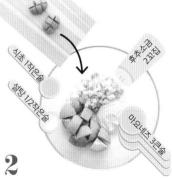

아보카도 1개

식초 1작은술

설탕 1/2작은술

후추소금 2꼬집

마요네즈 3큰술

**2**

아보카도와 삶은 달걀에 모든 양념
을 넣어 잘 섞으면 완성.

시오콘부 육수 향이 물씬

# 일본식 감바스 알 아히요

## 재료(1~2인분)

- 껍질 벗긴 새우 …… 100g
- 마늘 …… 1쪽
- 홍고추 …… 1개

### 양념
- 시오콘부 …… 1줌(약 5g)
- 간장 …… 1/2작은술
- 후추소금 …… 2~3꼬집

### 볶음용
- 올리브오일 …… 100ml

**응용 레시피**

새우 대신 잔멸치로 만들어도 맛있어요.

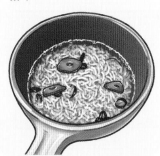

**1**

마늘과 홍고추를 슬라이스한다.

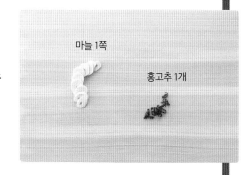

마늘 1쪽

홍고추 1개

**2**

올리브오일을 넣고 마늘과 홍고추를 볶는다.

프라이팬에

올리브오일 100ml

마늘 색이 살짝 변할 때까지

약불과 중불 사이

**3**

새우, 모든 양념을 넣고 약불에 익히면 완성.

* 포인트 재료는 오차즈케 등에 자주 쓰는 시오콘부. 시오콘부와 간장을 양념으로 넣음으로써 이탈리아 요리에 일본식 풍미가 생겨 늘 먹던 감바스 알 아히요와는 또 다른 맛을 즐길 수 있습니다. 식사 마무리로 좋은 일본식 감바스 알 아히요라고 할 수 있어요!

간장 1/2작은술

후추소금 2~3꼬집

새우 100g

시오콘부 1줌

새우 색이 변할 때까지

약불

초스피드 안주

no. **11**

슬며시 올라오는 간장 풍미

# 살살 녹는 치즈마요감자

## 재료(1인분)

- 감자 …… 1개
- 모차렐라 치즈 …… 1줌(약 20g)

### 양념
- 마요네즈 …… 1작은술
- 간장 …… 1작은술

### 추천 토핑
- 스프링파슬리

응용 레시피

### 독일식 즉석 포테이토

베이컨도 함께 전자레인지에 돌리
면 독일식 즉석 포테이토가 돼요!

**1**

감자를 잘 씻어서 6등분
한다.

감자 1개

내열 용기에

**2**

내열 용기에 **1**을 넣고, 전
자레인지에 4분간 돌린다.

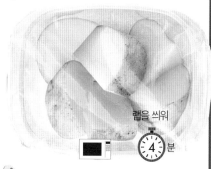

랩을 씌워

4 분

**3**

모든 양념을 넣고 섞어준다.

마요네즈 1작은술

간장 1작은술

내열 용기에

**4**

그릇에 담고 치즈를 올려
전자레인지에 1분 돌리면
완성.

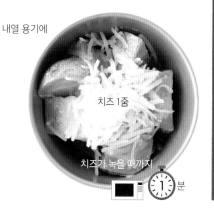

치즈 1줌

치즈가 녹을 때까지

1 분

\* 아주 간단하지만 정말 맛있습니다.
\* 모차렐라 치즈는 슬라이스 치즈 1
장을 사용해도 OK.

초스피드 안주

no. 12

밥과 된장국에 환상 궁합

# 오이겨자절임

## 응용 레시피

겨자 대신 와사비를 사용해도 맛
있어요.

## 재료(4인분)

• 오이 …… 4개

### 양념
• 튜브 겨자 …… 10~15g
• 소금 …… 20g
• 설탕 …… 40g

### 추천 토핑
• 실고추

오이 4개

**1**

오이를 8등분 한다.

지퍼 백에

겨자 10g

설탕 40g

소금 20g

반나절

**2**

지퍼 백에 오이와 모든 양념을 넣어
잘 섞은 뒤, 공기를 빼서 냉장고에 반
나절 동안 넣어두면 완성.

* 겨자 분량은 매운맛을 좋아한다면 15g, 매운맛이
익숙하지 않다면 10g을 추천합니다.
* 섞을 때 잘 비벼주면 더 맛있어집니다.

초스피드 안주

no. **13**

휘리릭 뚝딱

# 문어김치

**재료**(1인분)

- 횟감 문어 …… 60g
- 김치 …… 60g

문어 60g

**1**

문어를 한입 크기로 썬다.

김치 60g

**2**

문어와 김치를 섞으면 완성.

응용 레시피

## 감칠맛!
## 차조기잎문어김치

참기름과 얇게 썬 차조기잎을 올리면
풍미가 살아나 훨씬 맛있어요!

전자레인지로 한 방에!
# 된장으로 맛을 낸 두부

## 재료(1인분)

- 두부 …… 반모

**양념**

- 튜브 겨자 …… 2cm
- 설탕 …… 1큰술
- 일본된장 …… 1큰술
- 물 …… 1작은술

**추천 토핑**

- 쪽파

**응용 레시피**
## 즉석 안주 유도후 ◉

남은 두부를 전자레인지에 돌려 물기를 제거하고 가다랑어포, 파, 간장을 뿌리면 즉석 유도후가 완성돼요.

● 육수에 두부를 익혀 간장 등에 찍어 먹는 요리.

설탕 1큰술
일본된장 1큰술
물 1작은술
겨자 2cm

## 1
그릇에 모든 양념을 넣고 섞는다.

내열 접시에

두부 반모

## 2
두부를 3등분하여 전자레인지에 2분 돌린다.

2분

## 3
두부에서 나온 물기를 키친타월로 제거한다.

## 4
1을 두부에 바르면 완성.

* 전자레인지 대신 오븐 토스터에 구우면 두부 색이 노릇노릇해지고 맛도 더욱 좋습니다!

초스피드 안주
no. **15**

## 포일에 싸서 간편하게!
# 향긋한 마늘구이

**재료**(1~2인분)

• 통마늘 …… 1개

**재료**(1~2인분)

• 통마늘 …… 1개

통마늘 1개

프라이팬에
뚜껑을 덮고

**1**
알알이 나눈 마늘을 알루미늄 포일
로 감싸, 중불에서 2분간 굽는다.

2분 중불

이쑤시개로 찔러봐서
부드러운 느낌이
들 때까지

**2**
도중에 포일째로 뒤집어서 약불에
10~15분 정도 굽는다.

10 ~ 15분 약불

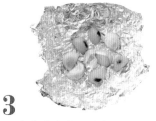

**3**
포일째 꺼내 마늘 껍질을 벗기면 완성.

\* 마늘 껍질을 벗기지 않고 구우면 찐 것처럼 촉촉해
집니다!

### 응용 레시피
## 마늘버터간장구이

완성되기 직전에 포일을 열어 버터와
간장을 넣고 잘 익히면 마늘버터간
장구이로 변신해요!

초스피드 안주

no. **16**

스낵 느낌의 안주
# 갈릭러스크

**응용 레시피**

후추소금과 마늘 대신 설탕을 사용하면 간식으로 좋은 러스크가 돼요!

## 재료(1~2인분)

• 식빵 테두리 …… 식빵 1~2장 분량

**양념**
• 튜브 마늘 …… 3cm
• 후추소금 …… 1꼬집

**볶음용**
• 올리브오일 …… 3큰술

**추천 토핑**
• 스프링파슬리

1장 분량의 식빵 테두리

**1**

식빵 테두리를 절반으로 자른다.

프라이팬에 기름을 달궈서

올리브오일 3큰술
마늘 3cm
후추소금 1꼬집

바삭해질 때까지 중불

**2**

1과 모든 양념을 넣고 중불에서 굽는다.

\* 마늘 한 쪽을 슬라이스해서 넣으면 마늘 플레이크가 되어 바삭한 식감을 즐길 수 있고, 튜브 마늘을 사용하면 풍미가 살아나 맛있습니다! 물론 둘 다 넣으면 더욱 맛있습니다!

초스피드 안주

no.

## 기름에 튀기지 않아 간단한
# 일품 프라이드포테이토

## 재료(1인분)

---

- 감자 ······ 1개

**양념**
- 물 ······ 1큰술
- 후추소금 ······ 1/2작은술

**구이용**
- 올리브오일 ······ 1큰술

---

**추천 토핑**
- 타임

**응용 레시피**

## 튀기지 않은 포테이토칩

감자를 얇게 썰어 수분이 날아갈 때까지 앞뒷면을 뒤집어가며 전자레인지에 돌리면 포테이토칩이 돼요!

## 1
감자를 잘 씻어 8등분 한다.

감자 1개

## 2
내열 용기에 물과 감자를 넣고 전자레인지에 4분 돌린다.

내열 용기에

물 1큰술

랩을 씌워

이쑤시개로 찔러 부드러운 느낌이 들 때까지

약 **4** 분

## 3
올리브오일을 두르고 감자를 중불에서 노릇노릇하게 굽는다.

프라이팬에 기름을 달궈서

올리브오일 1큰술

노릇해질 때까지

중불

## 4
후추소금을 넣고 섞으면 완성.

후추소금 1/2작은술

중불

\* 감자가 작으면 2개를 사용하세요.
\* 케첩과 마요네즈를 섞은 일본식 오로라 소스를 찍어 먹으면 더 맛있어요!

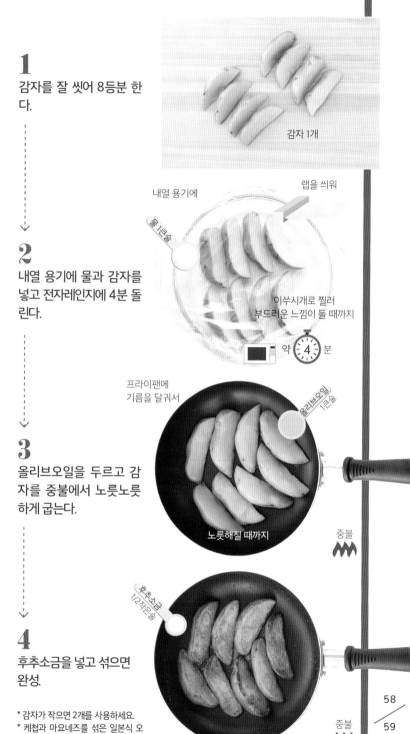

라멘 가게 안주의 대표 메뉴

# 매콤한 닭고기차슈

**재료**(2~3인분)

- 닭가슴살 …… 1덩이
- 대파 …… 1/2개

**양념**
- 간장 …… 100ml
- 미림 …… 100ml
- 고추기름 …… 1작은술
- 후추소금 …… 2꼬집

**추천 토핑**
- 볶은 흰깨

**응용 레시피**
## 대파닭고기차슈볶음밥

남은 닭고기차슈와 대파를 잘게 썰어 달걀물, 후추소금, 밥과 볶으면 대파닭고기차슈볶음밥이 돼요!

내열 용기에

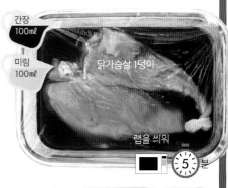

간장 100㎖

미림 100㎖

닭가슴살 1덩이

랩을 씌워

🔲 ⏰ 5 분

## 1

내열 용기에 닭고기, 간장, 미림을 넣어 전자레인지에 5분간 돌린다.

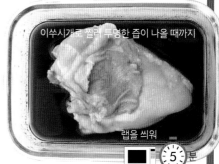

이쑤시개로 찔러 투명한 즙이 나올 때까지

랩을 씌워

🔲 ⏰ 5 분

## 2

닭고기를 뒤집어서 다시 5분 간 익힌다.

**2**의 닭고기

대파 1/2개

## 3

닭고기는 한입 크기로 어슷썰기 하고, 대파는 얇게 썬다.

후추소금 2꼬집

고추기름 1작은술

## 4

그릇에 닭고기, 대파, 고추기름, 후추소금을 넣고 섞으면 완성.

# 매혹적인 면 요리

가성비 좋은 파스타, 푸짐하고 삶는 시간도 짧아
사용하기 좋은 우동 등 면은 누구에게나 고마운 식재료입니다.
그런 면 요리의 장점을 더욱 살려주는 레시피 16가지를 소개합니다.
면 요리는 한 그릇만으로 한 끼 식사가 되어 좋아요.
잠깐의 수고로움으로 만족할 만한 한 끼가 완성되니, 꼭 시도해보세요.

매혹적인 면 요리

no. 1

진하다!

# 명란버터간장크림우동

## 재료(1인분)

• 냉동 우동 면 …… 1봉지
• 명란젓 …… 1~2개
• 우유 …… 100ml

### 양념

• 버터 …… 1작은술
• 간장 …… 1/2작은술

### 추천 토핑

• 얇게 썬 김

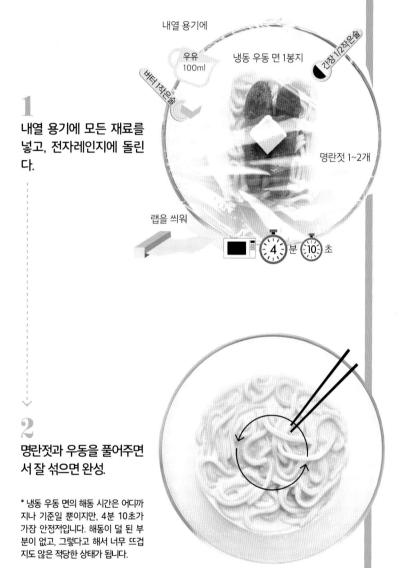

내열 용기에

우유
100ml

냉동 우동 면 1봉지

간장 1/2작은술

버터 1작은술

명란젓 1~2개

랩을 씌워

**1**

내열 용기에 모든 재료를 넣고, 전자레인지에 돌린다.

4 분 10 초

**응용 레시피**
# 보너스
# 명란크림리소토

남은 크림에 밥과 우유 100ml, 파르메산 치즈 가루를 넣어 끓이면 식사 후 간단하게 먹기 좋은 명란크림리소토가 돼요!

**2**

명란젓과 우동을 풀어주면서 잘 섞으면 완성.

\* 냉동 우동 면의 해동 시간은 어디까지나 기준일 뿐이지만, 4분 10초가 가장 안전적입니다. 해동이 덜 된 부분이 없고, 그렇다고 해서 너무 뜨겁지도 않은 적당한 상태가 됩니다.

매혹적인 면 요리

no. 2

일본식으로 완성하는 중독적인 맛!

# 간장마요시오콘부우동

## 재료(1인분)

- 냉동 우동 면 …… 1봉지

양념
- 시오콘부 …… 1줌(약 5g)
- 마요네즈 …… 1큰술
- 간장 …… 1큰술
- 참기름 …… 1작은술

냉동 우동 면 1봉지

## 1
냉동 우동 면을 전자레인지로 해동한다.

약 4 분 10 초

그릇에

## 2
우동 면에 모든 양념을 섞으면 완성.

참기름 1작은술

간장 1큰술

마요네즈 1큰술

시오콘부 1줌

응용 레시피
### 안주로 좋은 피망

남은 시오콘부와 채 썬 피망을 참기름에 볶으면 간단하게 안주가 완성돼요!

매혹적인 면 요리

no. **3**

## 해산물과 멘쓰유의 더블 육수!
# 간단한 일본식 봉골레

## 재료(1인분)

- 파스타 면 …… 100g
- 마늘 …… 1쪽
- 바지락 …… 100g

### 양념
- 맛술 …… 150ml
- 멘쓰유 …… 1큰술
- 후추소금 …… 2꼬집

### 볶음용
- 올리브오일 …… 1큰술

### 추천 토핑
- 쪽파
- 볶은 흰깨

**변형 레시피**

멘쓰유 대신 콩소메 1작은술을
넣으면 서양식 봉골레로 완성돼
요!

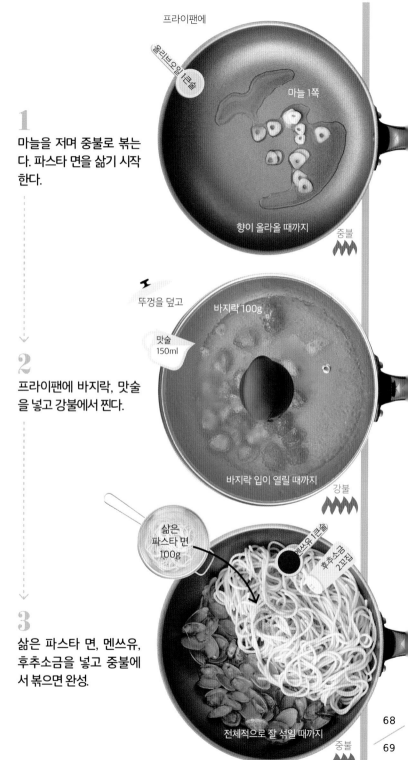

프라이팬에

올리브오일 1큰술

마늘 1쪽

## 1
마늘을 저며 중불로 볶는
다. 파스타 면을 삶기 시작
한다.

향이 올라올 때까지

중불

뚜껑을 덮고

바지락 100g

맛술
150ml

## 2
프라이팬에 바지락, 맛술
을 넣고 강불에서 찐다.

바지락 입이 열릴 때까지

강불

삶은
파스타 면
100g

멘쓰유 1큰술

후추소금
2꼬집

## 3
삶은 파스타 면, 멘쓰유,
후추소금을 넣고 중불에
서 볶으면 완성.

전체적으로 잘 섞일 때까지

중불

매혹적인 면 요리

no.  4

눈 감고도 만들 만큼 자주 만든

# 미트소스스파게티

## 재료(1인분)

- 파스타 면 …… 80g
- 다진 고기 …… 80g
- 양파 …… 1/2개
- 마늘 …… 1쪽
- 찹 토마토 통조림 …… 1/2캔

### 양념

- 물 …… 1큰술
- 맛술 …… 200ml
- 미림 …… 1작은술
- 과립 콩소메 …… 1작은술
- 후추소금 …… 2~3꼬집
- 케첩 …… 1큰술

### 볶음용

- 올리브오일 …… 1큰술

### 추천 토핑

- 스프링파슬리

---

**응용 레시피**

## 간단 즉석 토마토수프

남은 토마토 통조림 1/2캔과 양파(얇게 썬 것), 물 200ml, 콩소메 1작은술, 설탕 1작은술, 파르메산 치즈 가루 1작은술을 냄비에 넣어 푹 끓이면 즉석 토마토수프가 완성돼요!

* 파스타 면을 물에 1시간 담가두면 삶아서 물을 따라내지 않아도 되고, 식감도 쫄깃해져요!
* 소스를 만드는 과정에서 파스타 면을 함께 끓이면 소스가 면에 배어들어 더욱 맛있어집니다.
* 도중에 뚜껑을 열어 섞어주면서 익은 정도를 확인하세요.
* 토마토의 신맛과 케첩, 미림의 단맛으로 깊은 맛이 납니다.

---

**1**
파스타 면은 반으로 잘라 물(분량 외)에 담근다. 양파는 다져서 물과 함께 전자레인지에 돌린다.

18cm 정도 길이의 용기에

물, 파스타 면이 잠길 정도

1 시간

파스타 면 80g

물 1큰술

내열 용기에

양파 1/2개

랩을 씌워

4 분

프라이팬에

다진 고기 80g

마늘 1쪽

올리브오일 1큰술

고기 색이 변할 때까지

중불

**2**
마늘을 다져 양파, 다진 고기와 함께 중불에서 볶는다.

맛술 200ml

미림 1작은술

**3**
맛술, 미림을 넣고 뚜껑을 덮어 강불로 바꾼다.

뚜껑을 덮고 2 ~ 2 분 30 초

강불

**4**
물기를 제거한 파스타 면, 찹 토마토, 콩소메를 넣어 끓이고, 마지막에 후추소금과 케첩을 섞으면 완성.

뚜껑을 덮고 2 분 30 초

찹 토마토 통조림 1/2개

콩소메 1작은술

심까지 익도록

약불과 중불 사이

후추소금 2~3꼬집

케첩 1큰술

# 나의 페페론치노

## 재료(1인분)

- 파스타 면 …… 100g
- 마늘 …… 1쪽
- 홍고추 …… 1개

양념

- 소금 …… 35g
- 물 …… 2L

볶음용

- 올리브오일 …… 3큰술

---

추천 토핑

- 후추
- 이탈리안파슬리

응용 레시피

## 갈릭오일퐁뒤

남은 페페론치노 오일 소스에 식빵이나 바게트를 찍어 먹어도 맛있어요!

**1**

마늘과 홍고추를 얇게 썬다. 물 2L에 소금 35g을 넣어 파스타 면을 삶기 시작한다.

홍고추 1개

마늘 1쪽

물 2L

소금 35g

파스타 면 100g

봉지에 표시된 시간만큼

중불

프라이팬에

**2**

팬에 올리브오일을 두르고, 마늘과 홍고추를 볶는다.

올리브오일 3큰술

마늘이 잘 구워질 때까지

약불과 중불 사이

**3**

면 삶은 물을 넣고 프라이팬을 돌려가며 섞는다.

면 삶은 물 2큰술

걸쭉하게 유화할 때까지

약불과 중불 사이

삶은 파스타 면 100g

**4**

삶은 파스타 면을 넣고 섞어주면 완성.

* 파스타 면을 삶을 때 소금 양은 물 2L에 35g이 적당합니다.

중불

매혹적인 면 요리

no. **6**

## 차조기잎과 파르메산 치즈로 풍미 폭발!
# 제노베제파스타

**응용 레시피**

파스타 면 대신 문어나 새우, 삶은 감자를 제노베제 페스토*로 버무려도 맛있어요!

* 물 1작은술을 뿌리면 차조기잎이 더 쉽게 다져져요.
● 마늘, 잣, 바질, 치즈, 올리브오일 등을 섞어 만든 소스.

**재료**(1인분)

- 파스타 면 …… 100g
- 차조기잎 …… 8~10장

양념
- 물 …… 1작은술
- 파르메산 치즈 가루 …… 1큰술
- 후추소금 …… 3~5꼬집
- 간장 …… 1/2작은술

볶음용
- 올리브오일 …… 3큰술

차조기잎 8~10장 / 물 1작은술

원래 형태가 사라질 정도로

**1**

차조기잎에 물을 뿌려 부엌칼로 잘 다진다. 파스타 면을 삶기 시작한다.

파르메산 치즈 가루 1큰술 / 프라이팬에 / 올리브오일 3큰술

데워질 때까지　　중불

**2**

올리브오일을 두르고 차조기잎, 파르메산 치즈 가루를 중불에서 볶는다.

후추소금 3~5꼬집 / 삶은 파스타 면 100g / 간장 1/2작은술

중불

**3**

삶은 파스타 면, 후추소금, 간장을 넣고 잘 섞어주면 완성.

매혹적인 면 요리

**no. 7**

전자레인지로 만드는
# 나폴리탄스파게티

**응용 레시피**
## 오므나폴리탄
파스타 위에 오믈렛을 올리면 입에
서 살살 녹는 오므나폴리탄이 완성
돼요!

## 재료(1인분)

- 파스타 면 …… 80g
- 비엔나소시지 …… 2개
- 피망 …… 1개

양념
- 물 …… 200ml
- ☆과립 콩소메 …… 1작은술
- ☆케첩 …… 3큰술
- ☆파르메산 치즈 가루 …… 1큰술

추천 토핑
- 파르메산 치즈 가루
- 스프링파슬리

비엔나소시지 2개    피망 1개

**1**
비엔나소시지는 동그랗게 자르고,
피망은 채 썬다.

18x12cm의 내열 용기에

물 200ml

랩을 씌워

파스타 면 80g

제품에 표시된 면 삶는 시간 + 1분

**2**
내열 용기에 절반으로 자른 파스타
면, 물, **1**을 넣고 전자레인지에 돌린
다.

케첩 3큰술

파르메산 치즈 가루 1큰술

콩소메 1작은술

**3**
☆을 넣고 섞으면 완성.

시오콘부로 맛을 낸

# 일본식 카르보나라

**재료**(1인분)

- 파스타 면 ····· 100g
- 베이컨 ····· 20g
- 마늘 ····· 1쪽
- 달걀노른자 ····· 1개 분량

양념

☆시오콘부 ····· 1줌(약 5g)
☆우유 ····· 200ml
☆파르메산 치즈 가루 ····· 1큰술
☆혼다시 ····· 1작은술
- 흑후추 ····· 2~3꼬집

볶음용

- 올리브오일 ····· 1큰술

추천 토핑

- 파르메산 치즈 가루
- 스프링파슬리

응용 레시피
## 바삭한 베이컨에그 안주

남은 베이컨과 달걀흰자를 함께 구우면 바삭한 베이컨에그 안주가 완성돼요!

**1**

마늘은 저미고, 베이컨은 한입 크기로 자른다.

마늘 1쪽
베이컨 20g

↓

**2**

올리브오일을 두른 다음 마늘, 베이컨을 중불에 볶는다.

프라이팬에
올리브오일 1큰술
기름이 배어들 때까지
중불

↓

**3**

2에 ☆을 넣고 약불로 줄인다. 파스타 면을 삶기 시작한다.

끓어오르기 직전까지
우유 200ml
혼다시 1작은술
파르메산 치즈 가루 1큰술
시오콘부 1줌
약불

↓

**4**

삶은 파스타 면을 넣고 중불에서 섞는다.

삶은 파스타 면 100g

↓

그릇에 담아 달걀노른자를 올리고 흑후추를 뿌리면 완성.

중불

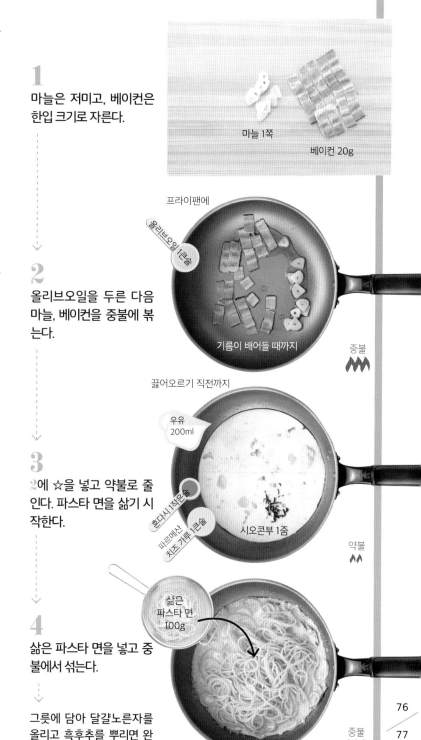

매혹적인 면 요리

no. **9**

# 가지와 다진 고기로 맛을 낸 버터간장파스타

## 응용 레시피
### 간장생강가지
남은 가지는 물 1큰술을 뿌리고 전
자레인지에 돌려 생강을 넣은 간장
에 찍어 먹어도 맛있어요!

## 재료(1인분)

- 파스타 면 …… 100g
- 가지 …… 작은 것 1개
- 다진 고기 …… 80g

양념
- 버터 …… 1큰술
- 간장 …… 1큰술

볶음용
- 버터 …… 1큰술

가지 1개

**1**
가지를 한입 크기로 자른다. 파스타
면을 삶기 시작한다.

달군 프라이팬에

다진 고기 80g 버터 1큰술
가지가 노릇노릇해질
때까지 중불

**2**
버터를 녹여 다진 고기, 가지 순으로
넣고 중불에서 볶는다.

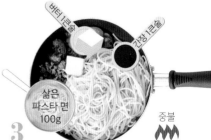
버터 1큰술 간장 1큰술
삶은 파스타 면 100g 중불

**3**
삶은 파스타 면, 간장, 버터를 넣고
버무리면 완성.

매혹적인 면 요리

no. **10**

짠맛과 고소함이 어우러진
# 명란크림파스타

## 응용 레시피
### 명란마요주먹밥

명란젓과 마요네즈를 섞어서 주먹
밥 안에 넣어도 맛있어요!

### 재료(1인분)

- 파스타 면 ······ 100g
- 명란젓 ······ 1~2개
- 우유 ······ 100ml

양념
- 마요네즈 ······ 1작은술
- 버터 ······ 1작은술
- 멘쓰유 ······ 1큰술

버터 1작은술 / 멘쓰유 1큰술 / 마요네즈 1작은술 / 우유 100ml / 명란젓 1~2개 / 약불

**1**
파스타 면 이외의 재료를 넣고 약불
에 끓인다.

한소끔 끓을 때까지 / 약불

**2**
명란젓을 으깨며 섞는다. 파스타 면
을 삶기 시작한다.

삶은 파스타 면 100g / 중불

**3**
삶은 파스타 면을 넣고, 중불에서
섞으면 완성.

* 명란젓에 짠맛이 있으므로 파스타 면을 삶을 때
소금은 안 넣어도 OK입니다!
* 간장 대신 멘쓰유를 넣으면 깊은 맛이 나서 더욱
맛있어집니다!

# 버릴 게 없다!

# 파기름파스타

## 재료(1인분)

- 파스타 면 …… 100g
- 대파 …… 1/2개

양념
- 간장 …… 1작은술
- 후추소금 …… 3~5꼬집

볶음용
- 참기름 …… 1큰술

추천 토핑
- 파드득나물
- 실고추

**변형 레시피**

참기름 대신 올리브오일을 사용하고 홍고추를 넣으면 대파페페론치노파스타가 완성돼요!

**1**

대파를 흰 줄기와 푸른 잎으로 나눠 한입 크기로 썬다.

대파 1/2개

달궈진 프라이팬에

**2**

참기름을 두르고 대파의 푸른 잎을 약불에 천천히 볶는다.

참기름 1큰술

**1**의 푸른 잎

향이 올라올 때까지

약불
▲▲

**3**

흰 줄기를 넣어 볶는다. 파스타 면을 삶기 시작한다.

**1**의 흰 줄기

흐물흐물해질 때까지

약불
▲▲

**4**

삶은 파스타 면, 간장, 후추소금을 넣고 중불에서 섞으면 완성.

삶은
파스타 면
100g

간장 1작은술

후추소금
3~5꼬집

중불
▲▲▲

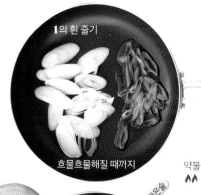

손쉬운 본격 중화요리

# 마파볶음면

## 재료(1~2인분)

- 중화면 …… 2봉지
- 다진 돼지고기 …… 80g
- 마파두부 소스 …… 3인분

**양념**
- 일본된장 …… 1작은술
- 고추기름 …… 2~3방울
- 물 …… 200ml

**볶음용**
- 참기름 …… 1큰술

**추천 토핑**
- 오이
- 볶은 흰깨
- 실고추

### 변형 레시피

집에 남아 있는 소면을 넣어도 쫄깃하고 맛있어요!

\* 마파두부 소스를 사용함으로써 각종 양념 없이도 간단하고 맛있게 만들 수 있습니다!
\* 걸쭉함을 원한다면 물 100ml+전분 2작은술을 풀어 전분물을 만들어주세요(넣기 직전에 준비하는 것이 좋습니다).
\* 매콤한 맛을 좋아한다면 매운맛 소스를 사용하거나 고추기름 양을 추가하세요!

프라이팬에 기름을 달궈서

참기름 1큰술

다진 돼지고기 80g

색이 변할 때까지    중불

## 1
참기름을 두르고 다진 고기를 중불에서 볶는다.

일본된장 1작은술
고추기름 2~3방울
물 200ml

마파두부 소스 3인분

걸쭉해질 때까지    중불

## 2
일단 불을 끄고 모든 양념과 마파두부 소스를 넣어 중불에 끓인다.

중화면 2봉지

## 3
중화면을 삶는다.

그릇에 담고 **2**를 부으면 완성.

매혹적인 면 요리

no. **13**

## 금세 또 먹고 싶어지는 정크푸드의 맛!

# 기름소바

**응용 레시피**

### 남은 달걀흰자로 만드는 시폰케이크

달걀흰자는 랩으로 감싸 냉동해두면
시폰케이크를 만들 때 쓸 수 있어요!
(→192쪽)

### 재료(1인분)

• 인스턴트 중화면(육수 소스 첨부된 것)
 ······ 1인분
• 달걀노른자 ······ 1개 분량

양념
• 인스턴트 중화면의 육수 소스 ······ 1/2봉
• 튜브 마늘 ······ 2~3cm
• 간장 ······ 1/2작은술
• 참기름 ······ 1/2작은술

### 추천 토핑

• 쪽파
• 구운 김
• 흑후추

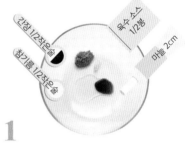

간장 1/2작은술
육수 소스 1/2봉
마늘 2cm
참기름 1/2작은술

**1**
그릇에 모든 양념을 넣고 섞는다. 중
화면을 삶는다.

삶은 중화면 1인분

**2**
그릇에 담고 달걀노른자를 올린다.
중화면을 **1**의 양념과 섞는다.

* 먹을 그릇에 양념을 섞어두면 설거짓거리가 줄어
들어 편해요.
* 인스턴트 중화면 맛은 무엇을 쓰든 OK입니다. 좋
아하는 맛으로 만들어보세요.
* 육수 소스는 소금맛과 돈코쓰맛을 추천합니다.

매혹적인 면 요리

no. **14**

# 카르보나라 스타일의 냉라멘

## 재료(1인분)

- 중화면 …… 1봉지
- 베이컨● …… 20g
- 달걀노른자 …… 1개 분량

양념
- ☆우유 …… 200ml
- ☆과립 콩소메 …… 1작은술
- ☆파르메산 치즈 가루 …… 1작은술
- 굵게 간 흑후추 …… 2~3꼬집

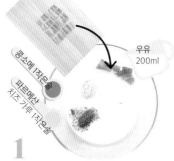

베이컨 20g

콩소메 1작은술

파르메산 치즈 가루 1작은술

우유 200ml

**1**
베이컨을 한입 크기로 자르고, ☆과 섞는다.

중화면 1봉지

**2**
중화면을 삶아 체에 밭치고, 얼음물로 식힌 뒤 물기를 제거한다.

**3**
중화면을 **1**에 넣어 섞는다.

그릇에 담아 달걀노른자를 올리고 흑후추를 뿌리면 완성.

---

응용 레시피
## 어니언베이컨수프

남은 베이컨과 얇게 썬 양파를 냄비에 넣어 버터로 천천히 볶다가 물 200ml, 콩소메 1/2작은술을 넣고 푹 삶으면 수프가 완성돼요!

\* 중화면은 인스턴트 면도 가능.
익히지 않고 먹어도 되는 베이컨이나 햄을 사용해야 합니다.

84

85

# 국물을 전자레인지로 완성!
# 엄청나게 시간이 절약되는
# 일품 냉라멘

## 재료(1인분)

- 중화면 …… 1봉지
- 토막 낸 닭다릿살 …… 100g

양념

- 맛술 …… 3큰술
- 멘쓰유 …… 3큰술
- 참기름 …… 1작은술
- 튜브 마늘 …… 3cm
- 얼음 …… 2~3개
- 좋아하는 토핑 …… 조린 달걀이나 오이 등

---

추천 토핑

- 조린 달걀
- 오이
- 대파 흰 줄기 얇게 채썬 것

**응용 레시피**
# 기름소바

과정 **2**의 '식힌다'와 **4**의 '얼음물로 식힌다'를 생략하면 기름소바가 돼요!

* 중화면은 인스턴트 면도 괜찮습니다.
* 전자레인지로 닭고기를 익히면 간편하게 차슈 느낌을 낼 수 있습니다.
* 닭고기를 삶고 남은 국물은 육수로 이용할 수 있습니다.
* 담백한 닭고기가 냉라멘과 잘 어울립니다. 중화면은 취향에 따라 얼음물에 헹구지 않고 물기만 제거해 먹어도 맛있습니다.

내열 용기에

그릇을 차갑게 한다

닭다릿살 100g

맛술 3큰술

멘쓰유 3큰술

랩을 씌워

고기의 붉은 기가 빠질 때까지 **5**분

**1**

요리를 담을 그릇을 냉장고에 넣어 차갑게 한다. 내열 용기에 닭고기, 멘쓰유, 맛술을 넣고 전자레인지에 돌린다.

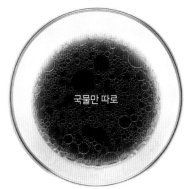

국물만 따로

**2**

**1**의 국물을 다른 그릇에 옮겨 식힌다. 면을 삶기 시작한다.

참기름 1작은술

마늘 3cm

얼음 2~3개

**3**

면이 다 익기 전 **2**의 국물에 참기름, 튜브 마늘, 얼음을 넣고 섞는다.

중화면 1봉지

**4**

중화면은 삶아 체에 받치고, 얼음물로 식힌 뒤 물기를 제거한다. 차갑게 식혀 둔 그릇에 넣고 **3**을 뿌리고 닭고기를 올리면 완성.

매혹적인 면 요리

no. 16

수제 소스가 비결!

# 포장마차식 야키소바

## 재료(1인분)

- 야키소바 면 …… 1봉지
- 양배추 …… 1장
- 저민 돼지고기 …… 50g

양념
☆중농소스 …… 1큰술
☆간장 …… 1작은술
☆맛술 …… 1작은술
☆혼다시 …… 1/2작은술
- 후추소금 …… 3꼬집

구이용
- 참기름 …… 1큰술

추천 토핑
- 파래 가루
- 붉은 초생강

응용 레시피
### 양배추콜슬로

남은 양배추를 채 썰어 전자레인지에 돌린 뒤, 물기를 제거해 마요네즈와 겨자를 섞어주면 콜슬로가 완성돼요.

\* 야키소바 면을 앞뒤로 구우면 포장마차 철판에서 구운 듯한 풍미를 낼 수 있습니다.
\* ☆의 비율로 양념을 섞으면 가정에서도 일품 소스를 만들 수 있습니다.

양배추 1장

중농소스 1큰술
간장 1작은술
혼다시 1/2작은술
맛술 1작은술

**1**
양배추는 한입 크기로 썬다. ☆은 섞는다.

코팅된 프라이팬에 기름을 달궈서

참기름 1큰술
야키소바 면 1봉지

**2**
야키소바 면을 풀지 말고 가운데 올려 중불에 굽는다.

봉투에서 꺼낸 상태로 한쪽 면이 노릇노릇해질 때까지

중불

돼지고기 50g

**3**
면을 뒤집고 바깥쪽에 돼지고기, 양배추를 순서대로 넣고 굽는다.

고기 색이 변할 때까지

중불

후추소금 3꼬집

**4**
**1**의 소스, 후추소금을 넣고 볶아주면 완성.

중불

88

89

# 궁극의 반찬

푸짐한 고기 요리나 정성 들인 반찬이 식탁에 오르면 기쁘죠.

이 장에서는 '메뉴가 하나 더 있으면 좋겠다' 싶을 때,

또는 '오늘 뭐 먹지?' 싶을 때 도움 되는 반찬을 소개합니다.

그럴싸해 보이는 반찬이기에 더욱 쉽게 만들 수 있는 레시피로 완성했습니다.

간단하고 바로 만들 수 있는 데다 맛까지 좋은!

그런 믿음직한 반찬입니다.

궁극의 반찬

no. **1**

대충 만들어도 맛있는

# 새우마요

## 재료(1인분)

• 깐 새우 …… 100g

### 양념
• 튜브 마늘 …… 3cm
• 마요네즈 …… 1큰술
• 케첩 …… 1큰술
• 밀가루 …… 1큰술

### 볶음용
• 참기름 …… 1큰술

### 추천 토핑
• 이탈리안파슬리

**변형 레시피**
## 새우마요양상추쌈

양상추 위에 새우마요를 올려 싸 먹어도 맛있어요!

**1**
튜브 마늘, 케첩, 마요네즈를 잘 섞어준다.

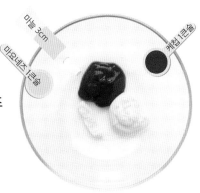

마늘 3cm
마요네즈 1큰술
케첩 1큰술

**2**
새우는 씻어서 물기를 제거하고, 밀가루를 묻힌다.

밀가루 1큰술
깐 새우 100g

프라이팬에 기름을 달궈서

**3**
참기름을 두르고, 새우를 중불에서 볶는다.

참기름 1큰술
새우가 붉어질 때까지

중불

**4**
볶은 새우를 **1**에 넣고 섞으면 완성.

* 새우를 익히기 전에 물기를 제대로 제거하지 않으면 기름이 튑니다!

궁극의 반찬

no.  2

치즈와 고기의 환상 궁합

# 치즈돼지갈비

## 재료(2인분)

• 저민 돼지고기 …… 100g
• 김치 …… 100g

### 양념

☆튜브 마늘 …… 3cm
☆맛술 …… 1큰술
☆간장 …… 1/2작은술
• 모차렐라 치즈 …… 기호에 따라(약 50g)

### 볶음용

• 참기름 …… 1큰술

응용 레시피
## 보너스 김치볶음밥

남은 치즈돼지갈비는 밥과 함께 볶으면 김치볶음밥이 돼요!

프라이팬에 기름을 달궈서

참기름 1큰술

김치 100g

돼지고기 100g

고기 색이 변할 때까지

중불

## 1

참기름을 두르고 돼지고기, 김치를 중불에 볶는다.

간장 1/2작은술

맛술 1큰술

마늘 3cm

중불

## 2

☆을 넣어 더 볶는다.

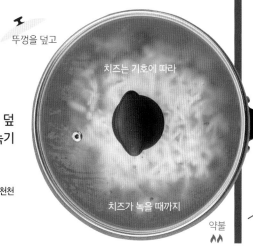

뚜껑을 덮고

치즈는 기호에 따라

치즈가 녹을 때까지

약불

## 3

치즈를 뿌리고 뚜껑을 덮어 약불에서 치즈가 녹기 시작하면 완성.

\* 치즈를 올린 뒤에는 약불에서 천천히 치즈가 녹기를 기다립시다!

궁극의 반찬

no. **3**

새콤달콤한

# 닭날개튀김구이

## 재료(1~2인분)

- 닭날개 ······ 7~10개

**양념**

- 후추소금 ······ 4꼬집
- 전분 ······ 2큰술
- ☆간장 ······ 1큰술
- ☆맛술 ······ 1큰술
- ☆미림 ······ 1큰술
- ☆설탕 ······ 1작은술

**튀김 구이용**

- 식용유 ······ 프라이팬 바닥에서
  5mm 정도 올라오는 양

**추천 토핑**

- 볶은 흰깨

**응용 레시피**
### 닭날개파래소금구이

남은 닭날개에 밀가루와 파래 가루를 섞어서 묻힌 후 후추소금을 뿌려 구우면 파래소금구이가 완성돼요!

## 1

닭날개 양면에 후추소금 4꼬집을 나누어 뿌린다.

후추소금 양면에 2꼬집씩

닭날개 8개

## 2

지퍼 백에 닭날개, 전분을 넣어 잘 섞어준다.

지퍼 백에

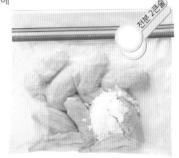

전분 2큰술

## 3

식용유를 달구고, 닭날개를 겹치지 않게 넣어 양면을 확실히 굽는다. 불을 끄고 키친타월로 기름을 제거한다.

프라이팬에 기름을 달궈서

식용유 바닥에서 5mm

고기가 익을 때까지

노릇한 색이 날 때까지

약불과 중불 사이

키친타월로

## 4

섞어둔 ☆을 넣고 중불에서 뒤적이면 완성.

간장 1큰술
맛술 1큰술
미림 1큰술

설탕 1작은술

중불

누구나 좋아하는

# 포테이토샐러드

## 재료(1인분)

• 감자 …… 2개
• 삶은 달걀 …… 1개

### 양념

• 물 …… 1큰술
☆튜브 겨자 …… 3cm
☆마요네즈 …… 3큰술
☆식초 …… 1작은술
☆설탕 …… 1작은술
☆혼다시 …… 1/2작은술
☆후추소금 …… 2꼬집

### 추천 토핑

• 상추
• 스프링파슬리

---

**응용 레시피**

## 포테이토샌드위치

식빵에 포테이토샐러드를 끼워
먹어도 맛있어요!

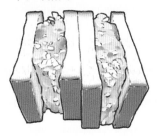

\* 감자는 가열한 후에 바로 으깨주세요. 뜨거운 상
태에서는 전분질 알갱이가 잘 으깨져 보드랍게 완
성됩니다.
\* 오이나 당근 등을 넣으면 색도 예쁘고, 맛도 한층
더 좋아집니다!

---

**1**

감자를 한입 크기로 잘라
둔다.

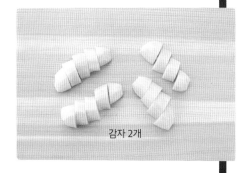

감자 2개

**2**

내열 용기에 물과 감자를
넣고, 전자레인지에 6분간
돌린다.

내열 용기에
물 1큰술
랩을 씌워
6분

**3**

감자를 으깬다.

매셔 또는 숟가락으로

**4**

삶은 달걀과 ☆을 넣어 숟
가락으로 뭉개가며 섞어주
면 완성.

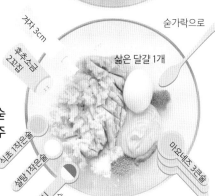

겨자 3cm
후추소금
2꼬집
삶은 달걀 1개
숟가락으로
식초 1작은술
설탕 1작은술
혼다시
1/2작은술
마요네즈 3큰술

98
99

## 바삭바삭한 식감의
# 프라이드치킨

## 재료(1~2인분)

• 닭봉 ······ 4~5개(약 300g)

**양념**

☆달걀 ······ 1개
☆튜브 생강 ······ 6cm
☆튜브 마늘 ······ 6cm
☆우유 ······ 100ml
☆간장 ······ 1큰술
• 밀가루 ······ 50g
• 후추소금 ······ 1큰술

**튀김용**

• 식용유 ······ 프라이팬 바닥에서
  5cm 정도 올라오는 양

**추천 토핑**

• 레몬

**응용 레시피**

### 닭봉콜라조림

남은 닭봉에 콜라 200ml와 간장 1큰술을 넣어 조리면 닭봉콜라조림이 완성돼요!

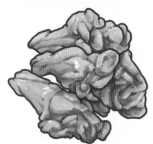

## 1

용기에 닭봉과 ☆을 넣어 섞고, 10분간 재워둔다.

생강 6cm
마늘 6cm
우유 100ml
간장 1큰술
닭봉 4개
달걀 1개

약 10 분

## 2

밀가루와 후추소금을 섞어 닭봉에 묻힌다.

밀가루 50g
후추소금 1큰술

프라이팬에 기름을 달궈서 (튀김옷이 떠오를 정도의 온도로)

식용유 바닥에서 5cm

고기가 익을 때까지

## 3

노릇한 색이 날 때까지 중불에서, 다 익을 때까지 약불에서 튀기면 완성.

노릇하게 구워질 때까지

\* 닭날개로도 만들 수 있습니다.
\* 밀가루에 후추소금을 섞으면 튀김옷이 매콤해져서 더욱 맛있습니다!

중불 → 약불

오븐 토스터로 완성해 튀길 필요 없는

# 간단 커틀릿

## 재료(1인분)

• 돼지고기 등심 …… 1덩이

**양념**

• 빵가루 …… 2큰술
• 올리브오일 …… 2큰술
• 파르메산 치즈 가루 …… 1큰술
• 후추소금 …… 2꼬집

### 추천 토핑

• 상추
• 토마토
• 스프링파슬리

후추소금 양면에 1꼬집씩

돼지고기 등심 1덩이

**1**

돼지고기 양면에 후추소금을 바른다.

빵가루 2큰술

파르메산 치즈 가루 1큰술

올리브오일 2큰술

**2**

빵가루, 올리브오일, 파르메산 치즈 가루를 잘 섞어준다.

오븐 토스터 **10**분

**3**

돼지고기에 **2**를 꾹꾹 눌러 묻혀, 오븐 토스터로 10분간 구우면 완성.

---

**변형 레시피**

## 튀김식 새우커틀릿

돼지고기 등심 대신 새우를 사용하면 튀김식 새우커틀릿을 만들 수 있어요.

궁극의 반찬

no. **7**

## 튀기지 않아 기름도 필요 없는
# 초간단 오븐 크로켓

**응용 레시피**
## 감자버터간장구이

남은 크로켓을 뭉쳐서 둥글린 뒤,
프라이팬에 버터와 간장을 넣고
구우면 크로켓구이가 완성돼요.

* 그릇에 감자를 넣고 꾹꾹 눌러서 평평하게 담아주세요.

**재료**(1~2인분)

• 감자 …… 2개
• 양파 …… 1/2개

**양념**
• 물 …… 1큰술
• 후추소금 …… 2꼬집
• 우유 …… 1큰술
• 빵가루 …… 3큰술
• 중농소스 …… 기호에 따라

내열 용기에

감자 2개  양파 1/2개  물 1큰술

랩을 씌워 6분

# 1

감자는 한입 크기로 썰고, 양파는 큼
직하게 다진다. 물을 넣어 전자레인
지에서 가열한다.

후추소금 2꼬집  우유 1큰술

# 2

감자를 으깨면서 양파와 섞는다. 후
추소금, 우유를 넣어 버무리며 숟가
락으로 누르듯이 섞어 그릇에 평평
하게 깔아준다.

코팅된 프라이팬에

빵가루 3큰술

열은 갈색이 될 때까지  중불

# 3

기름을 두르지 않은 마른 팬에 빵가
루를 볶아 2에 뿌리면 완성. 중농소
스를 뿌려 먹는다.

# 온천달걀시저샐러드

**재료**(1인분)

- 양상추 ⋯⋯ 3~4장
- 토마토 ⋯⋯ 1개
- 온천 달걀(시판) ⋯⋯ 1개

## 시저 드레싱

- 튜브 마늘 ⋯⋯ 3cm
- 마요네즈 ⋯⋯ 2큰술
- 우유 ⋯⋯ 1큰술
- 파르메산 치즈 가루 ⋯⋯ 1큰술
- 식초 ⋯⋯ 1작은술
- 흑후추 ⋯⋯ 2꼬집

## 추천 토핑

- 크루통
- 파르메산 치즈 가루
- 이탈리안파슬리
- 흑후추

**변형 레시피**
### 크루통

식빵 테두리를 올리브오일에 살짝 볶아 토핑으로!

**1**

시저 드레싱의 모든 재료를 섞는다.

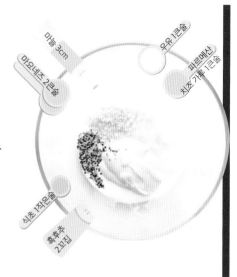

마늘 3cm
마요네즈 2큰술
우유 1큰술
파르메산 치즈 가루 1큰술
식초 1작은술
흑후추 2꼬집

**2**

양상추는 한입 크기로 찢고 토마토는 한입 크기로 자른다.

토마토 1개   양상추 3장

**3**

양상추, 토마토를 담고 **1**을 붓는다.

그릇에

**1**

온천 달걀을 올려 완성.

## 부드러운 풍미가 듬뿍 밴
# 고기두부

### 재료(1~2인분)

• 우삼겹 ······ 100g
• 두부 ······ 1모
• 양파 ······ 1/2개

### 양념

• 간장 ······ 3큰술
• 미림 ······ 1큰술
• 맛술 ······ 1큰술
• 설탕 ······ 1큰술
• 혼다시 ······ 1/2작은술
• 물 ······ 100ml

양파 1/2개    두부 1모

우삼겹 100g

**1**

소고기와 두부는 한입 크기로, 양파는 얇게 썬다.

프라이팬에

간장 3큰술    미림 1큰술    맛술 1큰술    설탕 1큰술

혼다시 1/2작은술

물 100ml    약불과 중불 사이

뚜껑을 덮고 약 **10**분

**2**

프라이팬에 1과 모든 양념을 넣고 뚜껑을 덮어 조리면 완성.

### 응용 레시피
## 붓카케고기우동

냉동 우동 면을 전자레인지에 돌려 고기 두부와 멘쓰유를 부으면 붓카케고기우동이 완성돼요!

궁극의 반찬

no. **10**

전자레인지로 만드는

# 정통 육수달걀말이

## 변형 레시피

### 육수를 넣은 부추달걀말이

얇게 썬 부추를 30초간 전자레인지
에 돌린 뒤, 물기를 짜내 달걀과 섞으
면 부추달걀말이가 돼요!

* 랩을 사용하면 쉽게 두툼한 달걀말이를 만들 수 있습니다.

**재료**(1~2인분)

---

• 달걀 …… 2개

**양념**
• 미림 …… 1큰술
• 설탕 …… 2작은술
• 간장 …… 1/2작은술
• 혼다시 …… 1/2작은술
• 물 …… 1큰술

---

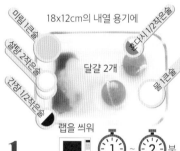

**1**

내열 용기에 모든 재료를 넣어 섞고
전자레인지에 돌린다.

**2**

전자레인지에서 꺼내 섞은 뒤 다시
익힌다.

**3**

2를 랩으로 만 채로 둔다.
10분 뒤 랩을 벗기고 2~3cm 간격
으로 자르면 완성.

밥을 몇 공기씩 먹게 되는
# 유린기

## 재료(1인분)

- 토막 낸 닭다릿살 …… 200g

**양념**
- 간장 …… 1큰술
- 맛술 …… 1큰술
- 전분 …… 2큰술

**튀김 구이용**
- 식용유 …… 3큰술

## 대파 소스

- 대파 …… 1/2개
- 맛술 …… 1큰술
- 설탕 …… 1큰술
- 식초 …… 1큰술
- 간장 …… 2큰술

## 추천 토핑
- 홍고추
- 대파 흰 줄기 채썬 것
- 볶은 흰깨

**변형 레시피**
### 유린기덮밥

밥 위에 유린기와 온천 달걀을 올려 유린기덮밥을 만들어도 맛있어요!

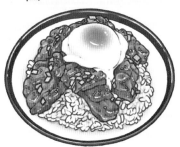

대파 1/2개

**1**

간장, 맛술을 넣은 그릇에 닭고기를 재워둔다. 대파를 큼직하게 다진다.

간장 1큰술
맛술 1큰술
토막 낸 닭디릿살 200g
10분

**2**

**1**의 닭고기에 전분을 묻혀 둔다.

전분 2큰술

프라이팬에 기름을 달궈서

고기가 익을 때까지

**3**

식용유를 두르고 닭고기를 약불과 중불 사이에서 튀기듯이 굽는다.

식용유 3큰술

뚜껑을 덮고

약불과 중불 사이

키친타월

**4**

프라이팬의 기름을 키친타월로 제거하고, 대파 소스 재료를 넣어 중불에서 섞어주면 완성.

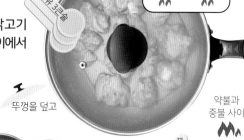
맛술 1큰술
설탕 1큰술
식초 1큰술
**1**의 대파
간장 2큰술
중불

궁극의 반찬

no. 12

한 번에 볶아 간단한

서양식 돼지고기볶음

## 재료(1인분)

- 저민 돼지고기 …… 150g
- 양파 …… 1/2개

### 양념
- 케첩 …… 1큰술
- 우스터소스 …… 1큰술
- 후추소금 …… 2~3꼬집

### 볶음용
- 식용유 …… 1큰술

### 추천 토핑
- 쪽파
- 볶은 흰깨

**변형 레시피**

소스나 케첩이 없을 때는 술과 간장으로 야채를 버무려 볶아도 맛있어요!

내열 용기에

양파 1/2개

**1**
양파를 얇게 썰어 전자레인지에 돌린다.

랩을 씌워  3분

프라이팬을 달궈서

식용유 1큰술

저민 돼지고기
150g

**2**
식용유를 두르고 양파와 돼지고기를 넣어 중불에서 볶는다.

고기 색이 변할 때까지    중불

케첩 1큰술

우스터소스 1큰술

후추소금
2~3꼬집

**3**
모든 양념을 넣고 섞으면 완성.

\* 우스터소스 대신 굴 소스를 사용하면 더욱 깊고 진한 맛이 납니다.

중불

궁극의 반찬

no. **13**

### 집에서 맛보는 본격 중화요리
# 일품 구수계

'입에 침이 고이는 닭'이라는 뜻의 사천식 냉채 요리.

## 재료(1~2인분)

- 닭가슴살 …… 1덩이
- 대파 …… 1/3개

### 소스

- 튜브 마늘 …… 3cm
- 간장 …… 1큰술
- 식초 …… 1큰술
- 미림 …… 1작은술
- 고추기름 …… 1작은술

### 볶음용

- 참기름 …… 1큰술

### 추천 토핑

- 토마토
- 아몬드
- 호두
- 쪽파

**변형 레시피**

남은 구수계에 양념과 양상추를
섞으면 매콤한 구수계 샐러드가
돼요!

\* 고기 두께에 따라 익는 정도가 달라집니다. 상태
를 보면서 시간을 조정하세요.

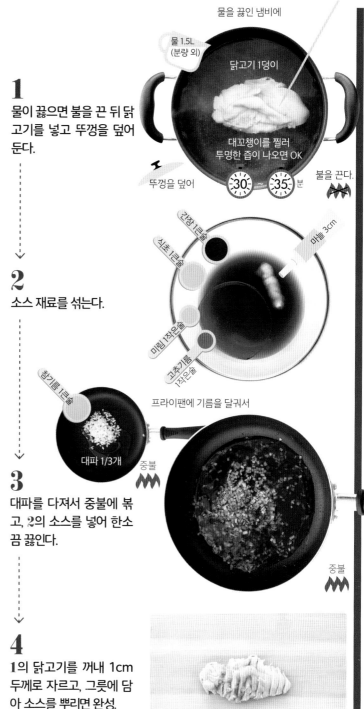

**1**
물이 끓으면 불을 끈 뒤 닭
고기를 넣고 뚜껑을 덮어
둔다.

물을 끓인 냄비에

물 1.5L (분량 외)

닭고기 1덩이

대꼬챙이를 찔러
투명한 즙이 나오면 OK

뚜껑을 덮어 · 30 ~ 35 분 · 불을 끈다.

**2**
소스 재료를 섞는다.

간장 1큰술
식초 1큰술
마늘 3cm
미림 1작은술
고추기름 1작은술

**3**
대파를 다져서 중불에 볶
고, **2**의 소스를 넣어 한소
끔 끓인다.

참기름 1큰술
대파 1/3개
중불

프라이팬에 기름을 달궈서
중불

**4**
**1**의 닭고기를 꺼내 1cm
두께로 자르고, 그릇에 담
아 소스를 뿌리면 완성.

# 저렴한 슈퍼마켓 고기의 대변신!
# 최상의 스테이크

## 재료(1인분)

- 스테이크용 소고기 …… 1덩이(약 200g)
- 양파 …… 1/2개

**양념**
- 후추소금 …… 6꼬집
- 설탕 …… 1작은술
- ☆튜브 마늘 …… 2cm
- ☆간장 …… 1큰술
- ☆맛술 …… 1큰술

**구이용**
- 버터 …… 1작은술

**추천 토핑**
- 구운 감자
- 스위트콘
- 스프링파슬리

**변형 레시피**

남은 1/2개의 양파는 얇게 썰어서 소스와 함께 볶아 스테이크에 곁들이면 푸짐하게 먹을 수 있어요!

\* 간 양파에 재워두면 고기가 부드러워지고, 남은 양파는 스테이크 소스로 사용할 수 있으므로 일석이조입니다!

## 1
소고기 양면에 격자무늬로 칼집을 내고, 후추소금을 3꼬집씩 바른다.

후추소금 양면에 3꼬집씩

스테이크용 소고기 1덩이

## 2
양파를 갈아 설탕을 섞은 양념으로 **1**을 재워 상온에 둔다.

설탕 1작은술

양파 1/2개

30 분

## 3
버터를 녹여 **2**의 양면을 강불에서 좋아하는 굽기로 구운 뒤 그릇에 담는다.

프라이팬에 버터를 녹여

**2**의 소고기

버터 1작은술

양파는 넣지 않는다

레어는 1 분 + 뒤집어서 45 초

강불

## 4
**2**의 양파와 ☆을 넣고 강불에 졸여 스테이크에 뿌리면 완성.

같은 프라이팬에

간장 1큰술

맛술 1큰술

**2**의 양파

마늘 2cm

강불

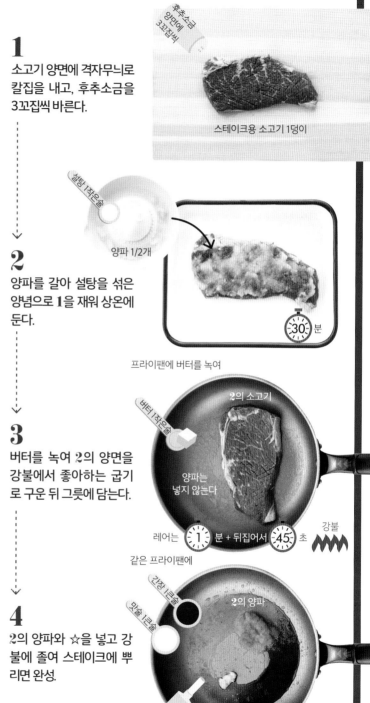

궁극의 반찬

no.  15

화이트소스까지 한꺼번에 만드는

# 크림스튜

## 재료(3~4인분)

- 토막 낸 닭다릿살 …… 200g
- 양파 …… 1/4개
- 당근 …… 1/2개
- 감자 …… 1개

### 양념
- 물 …… 400ml
- 과립 콩소메 …… 2작은술
- 후추소금 …… 3~4꼬집
- 모차렐라 치즈 …… 2~3줌(약 20g)

### 화이트소스

- 버터 …… 25g
- 밀가루 …… 25g
- 우유 …… 200ml

### 추천 토핑
- 스프링파슬리
- 굵게 간 흑후추

**응용 레시피**
## 클램차우더

남은 크림스튜에 술 1큰술, 우유 100ml, 바지락을 넣고 강불로 끓여 알코올을 완전히 날리면 클램차우더가 완성돼요!

## 1
양파, 당근, 감자를 한입 크기로 잘라 닭고기, 물과 함께 중불에 삶는다.

프라이팬에
물 400ml
당근 1/2개
감자 1개
닭다릿살 200g
양파 1/4개
뚜껑을 덮고
15분
중불

## 2
버터, 밀가루를 전자레인지에 돌리고 섞는다. 우유를 부어 다시 돌리고 섞은 뒤, 또 한 번 돌려준다. 마지막으로 잘 섞는다.

내열 용기에
랩을 씌워
버터 25g
밀가루 25g
1분
섞는다

랩을 씌우지 않고
우유 200ml
2분
섞는다
2분

## 3
1에 2의 소스, 콩소메, 후추소금을 넣고 섞어가며 약불과 중불 사이에서 삶는다.

콩소메 2작은술
후추소금 3~4꼬집
2의 화이트소스
1~2분
약불과 중불 사이

## 4
약불로 줄여 모차렐라 치즈를 넣고 치즈가 녹으면 불을 끈다.

치즈 2~3줌
약불

116
117

궁극의 반찬

no. **16**

집에 있는 재료만으로 만들 수 있는

# 정통 마파두부

## 재료(2인분)

- 다진 고기 …… 100g
- 두부 …… 1모
- 대파 …… 1/2개

### 양념
- 튜브 마늘 …… 3cm
- 미림 …… 1큰술
- 일본된장 …… 2작은술
- 간장 …… 2작은술
- 케첩 …… 2작은술
- 고추기름 …… 1작은술
- 혼다시 …… 1/2작은술
- 물 …… 100ml

### 전분물
- 전분 …… 2작은술
- 물 …… 2작은술

### 볶음용
- 참기름 …… 1큰술

### 추천 토핑
- 쪽파

**응용 레시피**
## 마파야키소바

야키소바 면을 앞뒤로 구운 후 남은 마파두부를 부으면 마파야키소바가 돼요!

**1**
두부의 물기를 키친타월로 제거하고, 1cm 크기로 깍둑썬다. 대파는 큼직하게 다진다.

**2**
참기름을 두르고 다진 고기, 대파를 중불로 볶는다.

**3**
1의 두부와 모든 양념을 넣고 살살 저어준다.

**4**
전분물을 넣고 가볍게 섞으면 완성.

\* 매운맛을 좋아한다면 고추기름 1큰술을 넣으세요. 얼얼하고 임팩트 있는 마파두부가 됩니다.

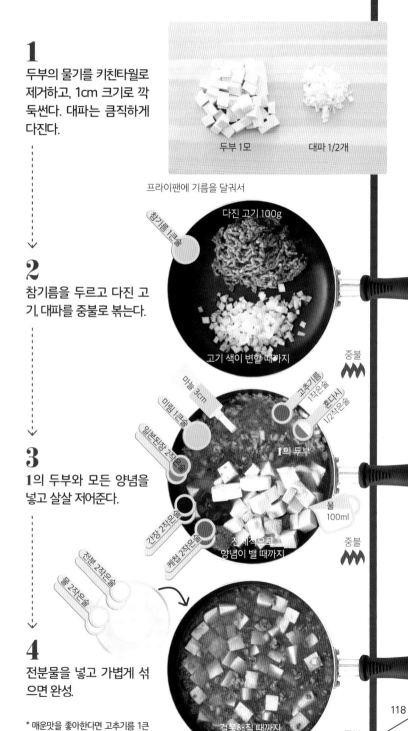

두부 1모     대파 1/2개

프라이팬에 기름을 달궈서

참기름 1큰술     다진 고기 100g

고기 색이 변할 때까지     중불

마늘 3cm     고추기름 1작은술     혼다시 1/2작은술

미림 1큰술     1의 두부

일본된장 2작은술

물 100ml

간장 2작은술     전체적으로 양념이 밸 때까지     중불

케첩 2작은술

전분 2작은술

물 2작은술

걸쭉해질 때까지 살살 젓는다.     중불

## 전자레인지로 엄마의 손맛을 재현!
# 소고기감자조림

### 재료(1인분)

- 저민 소고기 …… 100g
- 양파 …… 1/4개
- 당근 …… 3cm
- 감자 …… 1개

### 양념

- 간장 …… 2큰술
- 맛술 …… 2큰술
- 미림 …… 2큰술
- 설탕 …… 1작은술
- 물 …… 100ml

양파 1/4개
당근 3cm 분량
감자 1개

**1** 양파, 당근, 감자를 한입 크기로 썰어
둔다.

미림 2큰술
간장 2큰술
내열 용기에
맛술 2큰술
물 100ml
설탕 1작은술
랩을 씌워
소고기 100g
10분

**2** 1과 저민 소고기, 모든 양념을 용기
에 넣고 전자레인지에 돌리면 완성.

### 응용 레시피
## 당근라페

남은 당근을 채 썰어 전자레인지에
돌린 후 식초와 올리브오일, 후추소
금을 섞으면 라페가 완성돼요!

궁극의 반찬

no. 18

# 쫀득쫀득 연근떡

## 재료(1인분)

• 연근 ⋯⋯ 135g(약 10cm)

### 양념
• 전분 ⋯⋯ 2큰술

### 구이용
• 참기름 ⋯⋯ 1작은술

### 추천 토핑
• 간장
• 채 썬 김
• 쪽파

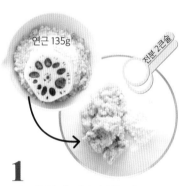

연근 135g

전분 2큰술

## 1
연근을 갈아 전분과 섞는다.

프라이팬에

참기름 1작은술

양면이 옅은 갈색이 될 때까지

중불

## 2
**1**을 4등분해서 두께 1cm 정도로 동글납작하게 만들고, 참기름을 둘러 양면을 중불로 굽는다.

응용 레시피

## 아삭아삭 연근소스볶음

연근을 얇게 썰어 후추소금과 중농 소스에 볶아도 맛있어요!

* 미림과 간장을 1:1로 섞어 양념을 만들어도 맛있어요!
* 폰즈소스를 찍어 산뜻하게 먹는 것도 추천합니다!
* 만드는 단계에서 소금을 넣어 짭짤한 떡을 만들어도 맛있어요!

꼬독꼬독한 식감이 재밌는
# 간가라아게

## 재료(1인분)

---

- 돼지 간 …… 200g

### 양념
- 튜브 생강 …… 3cm
- 간장 …… 1큰술
- 맛술 …… 1작은술
- 전분 …… 2큰술

### 튀김 구이용
- 식용유 …… 프라이팬 바닥에서
  1.5cm 정도 올라오는 양

---

**응용 레시피**

## 스파이시 카레풍 가라아게

재워둘 때 카레 가루 2작은술을
추가하면 스파이시 카레풍 가라
아게가 돼요!

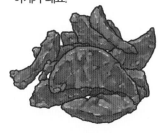

생강 3cm
간장 1큰술
맛술 1작은술
돼지 간 200g
랩을 씌워
**10** 분

# 1
돼지 간, 생강, 간장, 맛술
을 한데 담아 냉장고에 재
워둔다.

전분 2큰술

# 2
**1**의 국물을 따라내고 전분
을 묻힌다.

프라이팬에 기름을 달궈서
(튀김옷이 떠오를 정도의
온도에)

고기가 익을 때까지
→

식용유
바닥에서
1.5cm

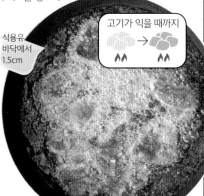

# 3
식용유를 달궈 노릇해질
때까지 중불에서, 익을 때
까지 약불에서 튀겨주면
완성.

\* 재래시장, 축산물 백화점, 인터넷 등
에서 얇은 구이용 돼지 간을 구입하면
맛있게 튀길 수 있습니다.

중불 → 약불

# 완벽한 밥 요리

아무래도 '제대로 식사한 기분이 드는' 요리는 밥 요리죠.
갓 지은 밥으로 만든 덮밥은 먹고 난 뒤의 포만감도 매력적입니다.
치킨라이스, 구운 주먹밥 외에
'한 끗 차이 달걀덮밥' 등을 모았습니다.
보기에는 호화롭지만 '밥만 지으면' 완성되는 파에야도
이 장에서 소개합니다.

이렇게 쉬울 순 없다!

# 보드라운 오야코돈

## 재료(1인분)

- 따뜻한 밥 ⋯⋯ 150g(밥공기 1그릇 분량)
- 닭다릿살 ⋯⋯ 60g
- 양파 ⋯⋯ 1/4개
- 달걀 ⋯⋯ 2개

### 양념

- 간장 ⋯⋯ 1큰술
- 미림 ⋯⋯ 1큰술
- 설탕 ⋯⋯ 1작은술
- 혼다시 ⋯⋯ 1작은술
- 뜨거운 물 ⋯⋯ 50ml

### 볶음용

- 식용유 ⋯⋯ 1큰술

### 추천 토핑

- 파드득나물

### 변형 레시피

두번째로 달걀을 넣을 때 모차렐라 치즈를 함께 넣으면 보드라운 서양식 치즈오야코돈이 돼요.

\* 달걀을 두 번에 나눠 부으면 식감이 폭신해집니다.

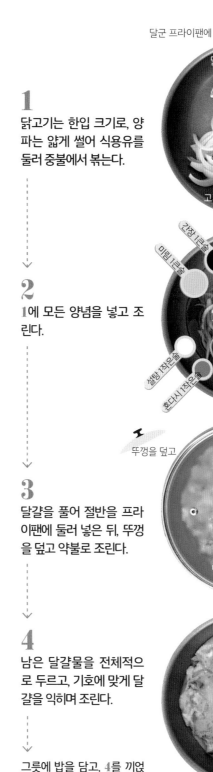

달군 프라이팬에

닭다릿살 60g

식용유 1큰술

양파 1/4개

고기 색이 변할 때까지

중불

### 1

닭고기는 한입 크기로, 양파는 얇게 썰어 식용유를 둘러 중불에서 볶는다.

간장 1큰술

미림 1큰술

뜨거운 물 50ml

설탕 1작은술

혼다시 1작은술

중불

### 2

**1**에 모든 양념을 넣고 조린다.

뚜껑을 덮고

반숙이 될 때까지

약불

### 3

달걀을 풀어 절반을 프라이팬에 둘러 넣은 뒤, 뚜껑을 덮고 약불로 조린다.

### 4

남은 달걀물을 전체적으로 두르고, 기호에 맞게 달걀을 익히며 조린다.

약불

그릇에 밥을 담고, **4**를 끼얹으면 완성.

완벽한 밥 요리

no. **2**

## 질리지 않는 매콤함!
# 페페론치노볶음밥

### 응용 레시피

뜨거운 물 200ml에 미역과 혼다시, 참기름, 간장을 1/2작은술씩 넣어 만든 중국식 수프는 볶음밥에도 잘 어울려요!

* 국자 바닥으로 밥을 위에서부터 눌러 퍼트리듯이 볶으면 밥알이 포슬포슬해집니다. 이때 밥이 따뜻한 상태면 더 좋습니다.

---

### 재료(1인분)

- 따뜻한 밥 …… 200g(사발 1그릇 분량)
- 베이컨 …… 20g
- 마늘 …… 1쪽
- 홍고추 …… 1개
- 달걀 …… 1개

### 양념
- 후추소금 …… 2~3꼬집

### 볶음용
- 올리브오일 …… 2큰술

---

**1**

베이컨은 한입 크기로, 마늘과 홍고추는 쫑쫑 썬다. 달걀을 풀어 달걀물을 만든다.

프라이팬에
올리브오일 2큰술
베이컨에서 기름이 나올 때까지
중불

**2**

올리브오일을 두르고 마늘, 홍고추, 베이컨을 중불로 볶는다.

국자로 으깨듯이

밥 200g
강불

**3**

달걀물, 밥을 넣고 강불에서 볶는다. 후추소금을 뿌리면 완성.

완벽한 밥 요리

no. **3**

## 부드러운 매콤함에 자꾸 손이 가는
# 김치마요볶음밥

**변형 레시피**
## 낫토김치마요볶음밥

볶을 때 낫토를 추가해도 맛있어요

### 재료(1인분)

- 따뜻한 밥 …… 200g(사발 1그릇 분량)
- 저민 돼지고기 …… 70g
- 김치 …… 50g
- 달걀 …… 1개

양념
- 마요네즈 …… 1큰술

볶음용
- 참기름 …… 2큰술

달걀 1개

**1**
달걀을 푼다.

달군 프라이팬에

참기름 2큰술
마요네즈 1큰술
김치 50g
돼지고기 70g
돼지고기 색이
변할 때까지
중불

**2**
참기름을 두르고 돼지고기, 김치, 마요네즈를 중불에서 볶는다.

**1**
밥 200g
강불

**3**
달걀물, 밥을 넣고 국자로 가볍게 으깨듯이 강불에서 볶는다.

완벽한 밥 요리

no.  4

추억이 방울방울

# 치킨라이스

## 재료(1인분)

- 따뜻한 밥 …… 200g(사발 1그릇 분량)
- 닭다릿살 …… 70g
- 양파 …… 1/4개
- 달걀 …… 1개

### 양념

- 케첩 …… 3큰술
- 맛술 …… 1큰술
- 식초 …… 1작은술
- 간장 …… 1/2작은술

### 볶음용

- 식용유 …… 1큰술+1작은술

### 추천 토핑

- 데친 브로콜리
- 방울토마토
- 스프링파슬리

### 응용 레시피

카레 가루 1작은술, 콩소메 1작은술, 후추소금 2꼬집을 넣어 카레필래프를 만들어도 맛있어요!

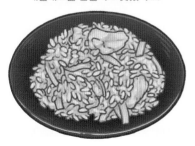

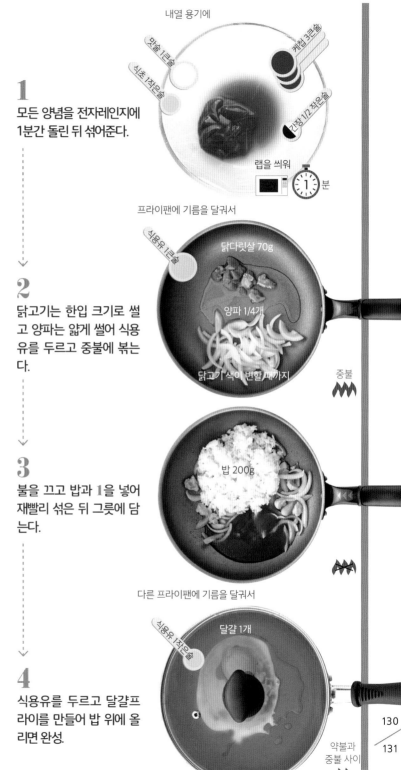

**1**
모든 양념을 전자레인지에 1분간 돌린 뒤 섞어준다.

내열 용기에
케첩 3큰술
맛술 1큰술
식초 1작은술
간장 1/2작은술
랩을 씌워
1 분

**2**
닭고기는 한입 크기로 썰고 양파는 얇게 썰어 식용유를 두르고 중불에 볶는다.

프라이팬에 기름을 달궈서
식용유 1큰술
닭다릿살 70g
양파 1/4개
닭고기 색이 변할 때까지
중불

**3**
불을 끄고 밥과 **1**을 넣어 재빨리 섞은 뒤 그릇에 담는다.

밥 200g

**4**
식용유를 두르고 달걀프라이를 만들어 밥 위에 올리면 완성.

다른 프라이팬에 기름을 달궈서
식용유 1작은술
달걀 1개

약불과 중불 사이

130
131

완벽한 밥 요리

no. **5**

해산물 술집 스타일

# 전갱이나메로덮밥

## 재료(1인분)

- 밥 …… 150g(밥공기 1그릇 분량)
- 횟감 전갱이 …… 2장(약 85~90g)
- 대파 …… 3cm

양념
- 튜브 생강 …… 3cm
- 일본된장 …… 1큰술
- 간장 …… 2~3방울

### 추천 토핑
- 쪽파
- 볶은 흰깨

전갱이 2장   대파 3cm

**1**

전갱이는 부엌칼로 잘게 다진다. 대파는 큼직하게 다진다.

일본된장 1큰술   생강 3cm

**2**

생강, 일본된장을 넣고 함께 다진다.

간장 2방울

**3**

그릇에 밥을 담고 **2**를 올려 간장을 뿌리면 완성.

---

응용 레시피

## 보너스 전갱이오차즈케

물 150㎖에 혼다시 1/2작은술을 넣고 끓인 뒤 부으면 식사 후 간단하게 먹기 좋은 전갱이오차즈케가 완성돼요!

● 일본 보소반도의 어부들이 배 위에서 만들어 먹던 다진 생선 요리.

완벽한 밥 요리

no. **6**

양념이 맛있는

# 참치절임덮밥

## 응용 레시피
### 절인 참치스테이크

절인 참치가 남으면 참기름으로 표면을 가볍게 구워 스테이크를 만들어도 맛있어요.

---

## 재료(1인분)

- 밥 …… 150g(밥공기 1그릇 분량)
- 횟감 저민 참치 …… 1팩(약 90g)

### 양념
- 미림 …… 1큰술
- 맛술 …… 1큰술
- 간장 …… 2큰술

---

### 추천 토핑
- 대파 흰 줄기
- 부순 김
- 와사비

내열 용기에

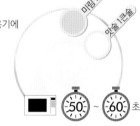

미림 1큰술

맛술 1큰술

**1**

미림, 맛술을 전자레인지에 50~60초 정도 돌린다.

간장 2큰술

섞으면서

**2**

간장을 넣고 섞은 뒤 식힌다.

참치 1팩

**3**

참치를 넣어 맛이 배게 한다.

그릇에 밥을 담고 **3**을 올려, 국물을 살짝 끼얹으면 완성.

완벽한 밥 요리

no. **7**

# 정통 잔멸치덮밥

### 재료(1인분)

• 밥 …… 100g(가볍게 담은 밥공기 1그 릇 분량)
• 잔멸치 …… 30g

양념
• 참기름 …… 1/2작은술
• 간장 …… 2~3방울

### 추천 토핑

• 쪽파
• 채 썬 김

**1**
그릇에 밥을 담고, 잔멸치를 올린다.

**2**
참기름과 간장을 골고루 뿌린다.

응용 레시피
### 잔멸치토스트
남은 잔멸치는 빵에 올려 마요네즈 를 뿌려서 토스트로 만들어 먹어도 맛있어요!

완벽한 밥 요리

no. **8**

속까지 촉촉하게 맛있는
# 구운 주먹밥

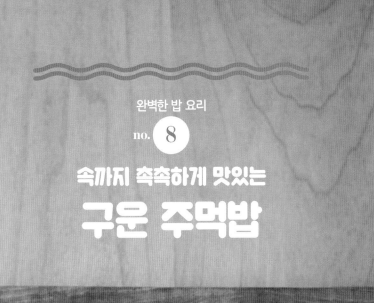

**재료**(1인분)

---

- 밥 …… 200g(사발 1그릇 분량)

**양념**

- 간장 …… 1과 1/2큰술
- 미림 …… 1작은술
- 참기름 …… 1작은술
- 혼다시 …… 1/2작은술

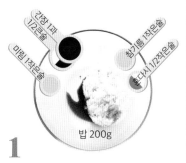

간장 1과 1/2큰술
미림 1작은술
참기름 1작은술
혼다시 1/2작은술
밥 200g

**1**
모든 재료를 섞는다.

코팅된 프라이팬에

노릇노릇해질 때까지    중불

**2**
주먹밥 형태로 만들어 양면을 중불
에 구우면 완성.

\* 기름 없이 굽습니다.

**응용 레시피**
## 육수오차즈케

구운 주먹밥에 시오콘부와 미역, 뜨
거운 물을 부어서 밥을 풀어주면 육
수오차즈케가 돼요!

완벽한 밥 요리

no.

해산물의 풍미를 응축!

# 정통 지중해식 파에야

## 재료(3~4인분)

- 쌀 …… 약 300g
- 양파 …… 1/2개
- 바지락 …… 150g
- 대하 …… 7미

### 양념

- 맛술 …… 300ml
- 과립 콩소메 …… 1작은술
- 카레 가루 …… 1작은술
- 후추소금 …… 3꼬집
- 물 …… 200ml

### 볶음용

- 올리브오일 …… 1큰술

**응용 레시피**

## 해산물도리아

남은 파에야에 치즈를 올려 오븐 토스터로 노릇해질 때까지 구우면 해산물도리아가 돼요!

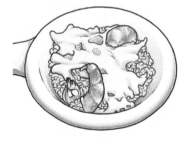

\* 쌀을 씻어 사용하면 쌀이 불어 파에야의 질감이 달라질 수 있으므로, 쌀은 씻지 않고 사용합니다.
\* 카레 가루를 1작은술 정도로 소량만 넣는 것은 간을 맞추려는 것이 아니라 파에야가 노란색을 띠도록 하려는 것입니다. 이렇게 함으로써 카레 가루로 해산물 육수 맛을 방해하지 않고, 예쁘게 색만 낼 수 있습니다.

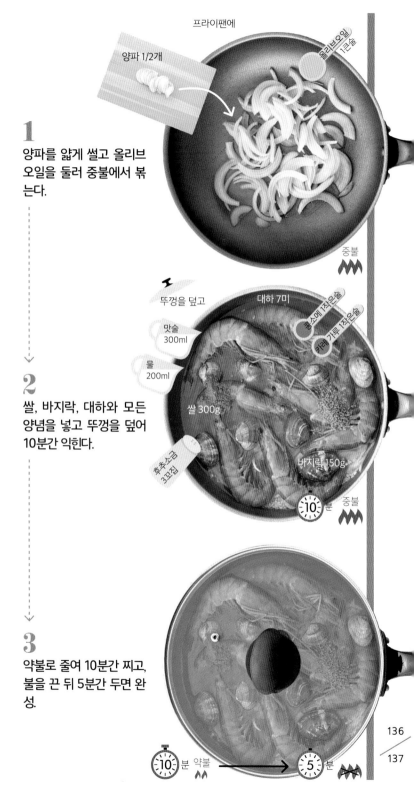

프라이팬에

양파 1/2개

올리브오일 1큰술

**1** 양파를 얇게 썰고 올리브 오일을 둘러 중불에서 볶는다.

중불

뚜껑을 덮고

대하 7미

콩소메 1작은술

카레 가루 1작은술

맛술 300ml

물 200ml

쌀 300g

후추소금 3꼬집

바지락 150g

**2** 쌀, 바지락, 대하와 모든 양념을 넣고 뚜껑을 덮어 10분간 익힌다.

10분 중불

**3** 약불로 줄여 10분간 찌고, 불을 끈 뒤 5분간 두면 완성.

10분 약불 → 5분

완벽한 밥 요리

no.  10

**푸짐하게 원기 보충!**

# 돼지달걀덮밥

**재료**(1인분)

- 따뜻한 밥 …… 150g(밥공기 1그릇 분량)
- 삼겹살 …… 100g
- 양파 …… 1/2개
- 달걀노른자 …… 1개 분량

**양념**

- 튜브 생강 …… 2cm
- 간장 …… 1큰술
- 맛술 …… 1큰술
- 미림 …… 1큰술
- 설탕 …… 1작은술

**볶음용**

- 식용유 …… 1큰술

---

추천 토핑

- 쪽파

**응용 레시피**

## 일본된장국 정식

남은 양파와 삼겹살로 일본된장국(물 1컵에 혼다시 1/2, 일본된장 2작은술을 풀어 끓인다)을 끓여 일본된장국 돼지달걀덮밥 정식을 만들어보세요!

**1**

돼지고기는 한입 크기로 썰고 양파는 얇게 썬다.

삼겹살 100g          양파 1/2개

프라이팬에 기름을 달궈서

**2**

식용유를 두르고 **1**을 중불에서 볶는다.

식용유 1큰술

고기 색이 변할 때까지          중불

**3**

모든 양념을 넣고 섞은 뒤 한소끔 조린다.

생강 2cm
간장 1큰술
맛술 1큰술
미림 1큰술
설탕 1작은술

그릇에 밥을 담고 **3**과 달걀노른자를 올린다.

중불

완벽한 밥 요리

no. **11**

전설의 맛!

# 달걀덮밥

## 재료(1인분)

- 따뜻한 밥 …… 150g(밥공기 1그릇 분량)
- 달걀 …… 1개

### 양념
- 간장 …… 1작은술
- 설탕 …… 1/2작은술
- 혼다시 …… 1꼬집

**응용 레시피**

## 구운 달걀덮밥

남은 달걀덮밥은 섞어서 굳혀뒀다가 프라이팬에 버터를 녹여 얇게 펴서 구우면 맛있어요!

* 대개 가장 맛있다고들 하는 머랭 형태의 달걀덮밥을 연구해서 더욱 진화시킨 최고의 달걀덮밥입니다.
* 머랭으로 포만감이 생겨 한 번 먹고 '맛있긴 한데 두 번은 됐다' 싶은 생각이 들지 않도록 절묘한 양과 최적의 간을 추구했습니다. 하루에 달걀 50개를 쓴 날도 있을 만큼 심혈을 기울여 도달한 그야말로 전설의 맛!

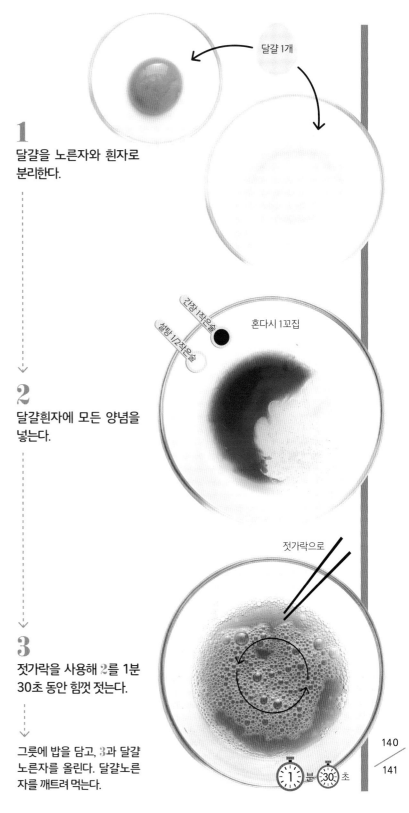

달걀 1개

**1**
달걀을 노른자와 흰자로 분리한다.

간장 1작은술
설탕 1/2작은술
혼다시 1꼬집

**2**
달걀흰자에 모든 양념을 넣는다.

젓가락으로

**3**
젓가락을 사용해 **2**를 1분 30초 동안 힘껏 젓는다.

그릇에 밥을 담고, **3**과 달걀 노른자를 올린다. 달걀노른자를 깨트려 먹는다.

1 분 30 초

# 간편한 일품요리

면 요리, 밥 요리 이외에도
푸짐하고 맛 좋은 요리는 많습니다.
이 장에서는 피자, 샌드위치처럼 가벼운 식사에 좋은 요리를 소개합니다.
오코노미야키, 부침개 등 반죽 요리도
품을 적게 들여 맛있게 먹을 수 있도록 궁리했습니다.
여럿이 모여 먹고 즐길 때도 추천합니다.

놀랄 만큼 쫄깃쫄깃한 식감!

# 참마오코노미야키

**재료**(1인분)

- 참마 …… 1/6개(70g)

**양념**

- 밀가루 …… 75g
- 물 …… 75ml
- 오코노미야키소스 …… 1과 1/2큰술
- 마요네즈 …… 1큰술
- 파래 가루 …… 1큰술

**구이용**

- 식용유 …… 1/2큰술

**추천 토핑**

- 가다랑어포

**응용 레시피**

## 이자카야풍 안주!
## 참마 와사비

남은 참마를 채 썰어 와사비 간장에 버무려도 맛있어요!

\* 프라이팬이 크면 반죽이 퍼지기 때문에 빨리 익지만 뒤집기 힘듭니다. 작은 프라이팬에 두 번에 나눠 구워도 됩니다.
\* 참마를 넣으면 반죽이 쫄깃쫄깃해져 가게에서 먹는 것과 같은 식감으로 완성됩니다!

**1**

참마를 간다.

**2**

그릇에 **1**, 밀가루, 물을 넣고 밀가루가 잘 풀어질 때까지 섞는다.

**3**

식용유를 두르고, **2**를 노릇노릇해질 때까지 중불에서 굽는다.

**4**

뒤집어서 표면을 약불로 굽는다.

그릇에 옮겨 오코노미야키소스, 마요네즈, 파래 가루 순서로 뿌리면 완성.

참마 1/6개

물 75ml

밀가루 75g

프라이팬에 기름을 달궈서(김이 올라올 정도로)

식용유 1/2큰술

노릇하게 구워질 때까지 **4** 분 중불

약 **5** 분 약불

프라이팬으로 만드는 납작한 다코야키

# 다코노미야키

## 재료(1~2인분)

• 문어 …… 30g
• 달걀 …… 1개

양념
• 밀가루 …… 60g
• 멘쓰유 …… 1큰술
• 물 …… 200ml

구이용
• 식용유 …… 1큰술

---

추천 토핑

• 가다랑어포
• 파래 가루
• 붉은 초생강
• 마요네즈

응용 레시피
## 육수를 넣은 아카시야키®

물 150ml에 혼다시 1/2작은술을 넣고 끓인 뒤 부으면 식사 후 간단하게 먹기 좋은 아카시야키가 완성돼요!

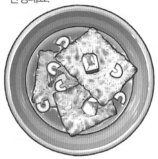

\* 접시를 프라이팬에 댄 채로 프라이팬을 뒤집어서 내용물을 접시에 올렸다가 다시 프라이팬에 미끄러트리듯 얹으면 쉽게 뒤집을 수 있습니다!
\* 이쑤시개로 찍어 먹으면 다코야키 같은 느낌을 낼 수 있습니다.

● 효고현 아카시시의 명물로 다코야키와 비슷하나 특제 국물에 찍거나 부어 먹는다.

---

**1**

문어를 1cm로 깍둑썰기한다. 문어, 달걀, 모든 양념을 넣고 섞는다.

문어 30g · 멘쓰유 1큰술 · 물 200ml · 밀가루 60g · 달걀 1개

프라이팬에 기름을 달궈서

**2**

식용유를 두르고 **1**을 넣은 뒤, 뚜껑을 덮어 노릇한 색이 날 때까지 약불로 굽는다.

식용유 1큰술 · 잘 구워진 색이 날 때까지 · 뚜껑을 덮고 · 5분 약불

**3**

뒤집어서 이번에는 뚜껑을 덮지 않고 굽는다.

뚜껑은 덮지 않는다 · 7분 약불

**4**

한입 크기로 썰면 완성.

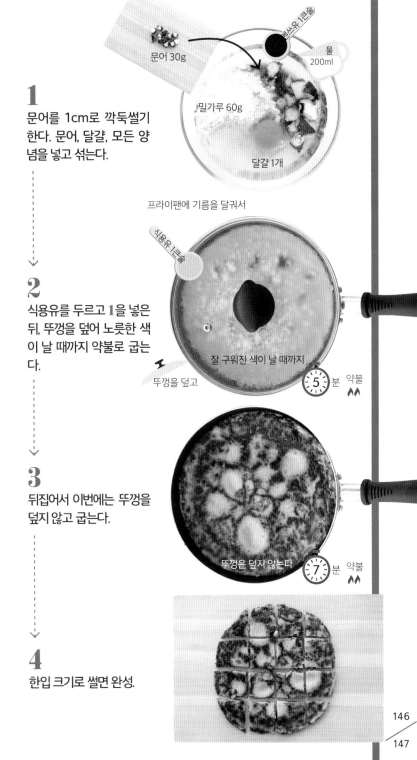

간편한 일품요리

no.  3

치즈를 듬뿍 올릴수록 맛있는

# 벌꿀피자

## 반죽 재료(1장분)

☆밀가루(강력분) ······ 150g
☆올리브오일 ······ 1큰술
☆설탕 ······ 1작은술
• 우유 ······ 80ml
• 밀가루 ······ 1~3큰술(반죽을 들러붙지 않게 하는 용도)

## 구이용

• 올리브오일 ······ 1큰술

## 재료

• 모차렐라 치즈 ······ 기호에 따라 (약 40g)
• 벌꿀 ······ 기호에 따라(약 20g)

## 추천 토핑

• 호두
• 굵게 간 흑후추
• 스프링파슬리

### 응용 레시피
## 마요콘피자

벌꿀 대신 마요네즈와 옥수수를 뿌려도 맛있어요!

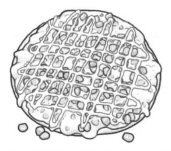

* 일반적으로 반죽은 온수로 만들지만, 물 대신 우유를 사용하면 식감이 폭신해집니다.

## 1

볼에 ☆을 넣어 섞고, 우유를 조금씩 더하면서 손으로 7분간 반죽한다. 냉장고에 넣어 10분간 둔다.

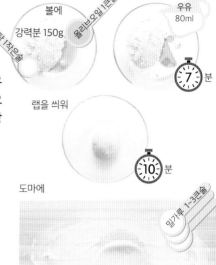

볼에
설탕 1작은술
강력분 150g
올리브오일 1큰술
우유 80ml
7 분

랩을 씌워

10 분

## 2

들러붙지 않게 밀가루를 뿌리고 1을 늘려준다.

도마에
밀가루 1~3큰술
밀대로
두께 5mm 정도가 될 때까지

## 3

올리브오일을 두르고 뚜껑을 덮어 약불과 중불 사이에서 굽는다.

프라이팬에 기름을 달궈서
올리브오일 1큰술
노릇해질 때까지
뚜껑을 덮고
5 분
약불과 중불 사이

## 4

반죽을 뒤집고 치즈를 올려 약불로 굽는다.

치즈 약 40g
뚜껑을 덮고
10 분 약불

그릇에 옮겨 벌꿀을 뿌리면 완성.

# 가지와 토마토의 환상적인 궁합!

# 수제 갈릭피자

## 반죽 재료 (1장분)

☆밀가루(강력분) …… 150g
☆올리브오일 …… 1큰술
☆설탕 …… 1작은술
• 우유 …… 80ml
• 밀가루 …… 1~3큰술(반죽을 들러붙지 않게 하는 용도)

### 구이용
• 올리브오일 …… 1큰술

## 재료

• 토마토 …… 1개
• 가지 …… 작은 것 1개
• 모차렐라 치즈 …… 기호에 따라
  (약 60g)

### 피자 소스
• 튜브 마늘 …… 3cm
• 케첩 …… 2큰술

### 구이용
• 올리브오일 …… 1큰술

### 추천 토핑
• 파르메산 치즈 가루
• 바질
• 말린 이탈리안파슬리

응용 레시피
## 일본식 가지데리야키피자

토핑 가지를 간장과 미림에 볶고, 피자 소스 대신 마요네즈와 얇게 썬 김을 올리면 데리야키피자가 돼요!

## 1

볼에 ☆을 넣어 섞고, 우유를 조금씩 부어가며 손으로 7분 반죽한다. 냉장고에 넣어 10분간 둔다.

볼에
강력분 150g
올리브오일 1큰술
설탕 1작은술

우유
80ml

7분

랩을 씌워

10분

## 2

반죽이 들러붙지 않게 밀가루를 뿌리고 **1**을 밀대로 민다. 가지와 토마토를 동그랗게 자른다. 가지를 올리브오일로 굽는다.

도마에
밀가루 1~3큰술
밀대로
두께 5mm 정도가 될 때까지

가지 작은 것 1개
토마토 1개

## 3

올리브오일을 두르고, 뚜껑을 덮어 약불과 중불 사이에서 굽는다.

프라이팬에 기름을 달궈서
올리브오일 1큰술
노릇해질 때까지
뚜껑을 덮고
5분
약불과 중불 사이

## 4

반죽을 뒤집고 튜브 마늘과 케첩을 섞은 소스, 치즈, 토마토, 가지 순서로 올려 약불로 굽는다.

\* 케첩에 간 마늘을 섞는 것만으로도 쉽게 맛있는 피자 소스를 만들 수 있습니다. 집에 앤초비가 있을 경우, 같이 넣으면 더욱 맛있습니다.

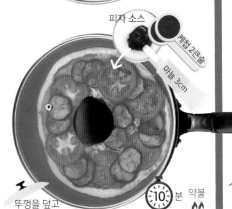

피자 소스
케첩 2큰술
마늘 3cm
뚜껑을 덮고
10분
약불

간편한 일품요리

no.

## 아삭아삭 쫄깃쫄깃
# 부추부침개

## 재료(1인분)

- 부추 ······ 1/2단
- 당근 ······ 1/4개

**양념**
- 물 ······ 1큰술
- ☆밀가루 ······ 100g
- ☆전분 ······ 3큰술
- ☆혼다시 ······ 1작은술
- ☆물 ······ 200ml

**구이용**
- 참기름 ······ 1큰술

**찍어 먹는 소스**
- 폰즈소스 ······ 1큰술
- 참기름 ······ 1작은술
- 고추기름 ······ 2~3방울

**추천 토핑**
- 볶은 흰깨

**응용 레시피**
### 부추포일구이

남은 부추는 알루미늄 포일로 감싸 프라이팬에 구워서 간장을 뿌려 먹으면 맛있어요!

\* 반죽에 혼다시를 넣으면 은은하게 밑간이 뱁니다.
\* 폰즈소스만 찍어 먹어도 산뜻해서 맛있습니다.

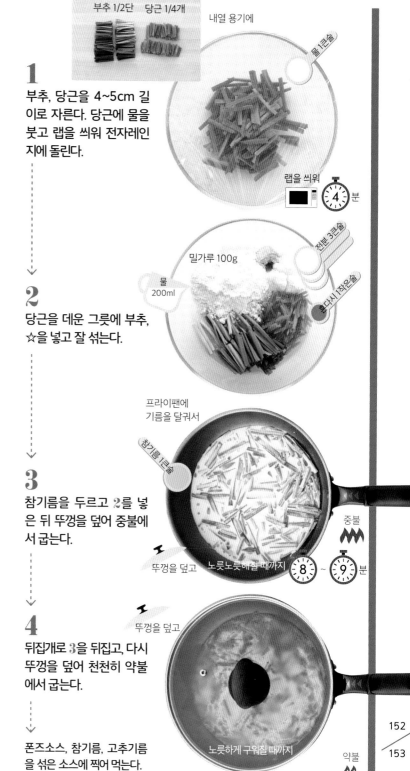

부추 1/2단    당근 1/4개    내열 용기에    물 1큰술

**1**
부추, 당근을 4~5cm 길이로 자른다. 당근에 물을 붓고 랩을 씌워 전자레인지에 돌린다.

랩을 씌워    4 분

전분 3큰술
밀가루 100g
물 200ml    혼다시 1작은술

**2**
당근을 데운 그릇에 부추, ☆을 넣고 잘 섞는다.

프라이팬에 기름을 달궈서    참기름 1큰술

**3**
참기름을 두르고 **2**를 넣은 뒤 뚜껑을 덮어 중불에서 굽는다.

중불    뚜껑을 덮고    노릇노릇해질 때까지    8 ~ 9 분

뚜껑을 덮고

**4**
뒤집개로 **3**을 뒤집고, 다시 뚜껑을 덮어 천천히 약불에서 굽는다.

노릇하게 구워질 때까지    약불

폰즈소스, 참기름, 고추기름을 섞은 소스에 찍어 먹는다.

폭신폭신

# 달걀부침샌드위치

## 재료

- 식빵(약 1.5cm 두께) ······ 2장
- 달걀 ······ 2개

### 양념
- 마요네즈 ······ 2큰술
- 케첩 ······ 1작은술

### 구이용
- 식용유 ······ 1작은술

### 추천 토핑
- 거칠게 간 흑후추
- 이탈리안파슬리

**응용 레시피**

## 달걀부침을 끼운 핫샌드위치

토스터로 구운 식빵 사이에 끼워서 핫샌드위치를 만들어도 맛있어요!

**1**

마요네즈, 케첩을 섞는다.

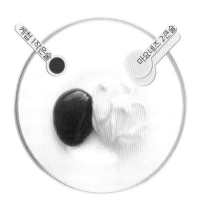

케첩 1작은술 / 마요네즈 2큰술

**2**

**1**을 빵에 바른다.

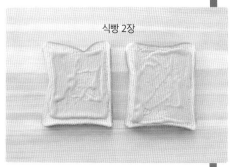

식빵 2장

**3**

달걀을 푼다. 식용유를 두르고, 뒤집어가며 약불로 굽는다.

달군 프라이팬에 / 식용유 1작은술 / 달걀 2개 / 단단하게 익을 때까지 / 약불

**4**

달걀부침을 식빵 사이에 끼워 그릇 등으로 누른다. 먹기 좋은 크기로 자르면 완성.

**3**의 달걀 / 5분

# 달걀마요토스트

### 재료

- 식빵(약 1.5cm 두께) ····· 1장
- 달걀 ····· 1개

### 양념

- 마요네즈 ····· 1큰술

## 섞어서 바르면 끝!

# 피자토스트

### 재료

- 식빵(약 1.5cm 두께) ····· 1장
- 양파 ····· 1/8개
- 방울토마토 ····· 2개

### 양념

- 튜브 마늘 ····· 2cm
- 케첩 ····· 1큰술
- 후추소금 ····· 2꼬집
- 모차렐라 치즈 ····· 기호에 따라
  (약 20g)

### 추천 토핑

- 스프링피슬리

## 달걀마요토스트

숟가락으로

식빵 1장

**1**
식빵 가운데를 숟가락 바닥으로 누른다.

마요네즈 1큰술

**2**
마요네즈를 바른다.

달걀 1개    오븐 토스터
6분

**3**
눌러둔 식빵 한가운데에 달걀을 깨서 올리고, 오븐 토스터에 6분간 구우면 완성.

\* 달걀노른자가 깨져도 그대로 오븐 토스터에 구우면 완숙이 되어 맛있습니다.

#### 응용 레시피
## 빵그라탱

남은 식빵을 찢어서 우유 150ml, 콩소메 1/2 작은술과 함께 그라탱 그릇에 담고 위에 치즈와 마요네즈를 뿌려 오븐 토스터에 노릇하게 구우면 빵그라탱이 완성돼요!

## 피자토스트

양파 1/8개  방울토마토 2개

**1**
양파는 잘게 썰고 방울토마토는 큼직하게 썬다.

마늘 2cm    후추소금 2꼬집    케첩 1큰술

**2**
**1**에 튜브 마늘, 케첩, 후추소금을 섞는다.

식빵 1장    오븐 토스터
치즈 좋아하는 만큼
치즈가 녹을 때까지    6분

**3**
식빵에 **2**, 치즈 순서로 올려서 오븐 토스터에 굽는다.

\* 피자 소스를 만들 때 모든 재료를 섞어줌으로써 쉽고 맛있는 피자 소스가 완성됩니다.

#### 응용 레시피
## 간단한 일본식 양파샐러드

남은 양파는 얇게 썰어 물로 씻고 물기를 제거한 뒤 마요네즈 1큰술, 가다랑어포, 간장 1 작은술과 섞으면 일본식 양파샐러드를 즐길 수 있어요!

# 최고의 카레

키마카레든 수프카레든 사실은 쉽게 만들 수 있습니다.
특별한 향신료나 엄청난 정성도 필요 없습니다!
집에 있는 재료로 만드는 카레 4종류를 소개합니다.

# 최고로 맛있는
# 일본식 키마카레

● 키마는 인도어로 '다진 고기'라는 뜻이며, 일본에서는 보통 드라이카레 형태로 먹는다.

## 재료(2~3인분)

- 다진 고기 …… 100g
- 고체 카레 …… 2조각
- ☆양파 …… 1/2개
- ☆당근 …… 1/2개
- ☆마늘 …… 1쪽
- ☆생강 …… 1쪽

### 양념

- 물 …… 1큰술+200ml
- 멘쓰유 …… 1큰술
- 후추소금 …… 1작은술

### 볶음용

- 식용유 …… 1큰술

### 추천 토핑

- 밥
- 달걀노른자
- 스프링파슬리

**응용 레시피**

## 키마카레나폴리탄

남은 키마카레를 파스타와 케첩으로 버무리면 키마카레나폴리탄이 돼요!

\* 고체 카레는 중간 매운맛을 사용했습니다. 그것을 전제로 한 재료와 분량이므로, 취향에 따라 간을 하셔도 무방합니다.

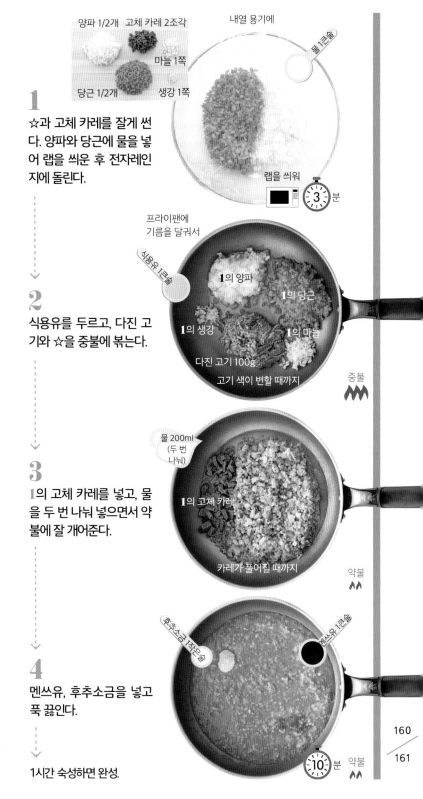

양파 1/2개  고체 카레 2조각

마늘 1쪽

당근 1/2개  생강 1쪽

내열 용기에

물 1큰술

**1**

☆과 고체 카레를 잘게 썬다. 양파와 당근에 물을 넣어 랩을 씌운 후 전자레인지에 돌린다.

랩을 씌워

3분

프라이팬에 기름을 달궈서

식용유 1큰술

1의 양파

1의 당근

1의 생강

1의 마늘

**2**

식용유를 두르고, 다진 고기와 ☆을 중불에 볶는다.

다진 고기 100g

고기 색이 변할 때까지

중불

물 200ml
(두 번 나눠)

1의 고체 카레

**3**

1의 고체 카레를 넣고, 물을 두 번 나눠 넣으면서 약불에 잘 개어준다.

카레가 풀어질 때까지

약불

후추소금 1작은술

멘쓰유 1큰술

**4**

멘쓰유, 후추소금을 넣고 푹 끓인다.

1시간 숙성하면 완성.

10분  약불

완전 정통! 비법 일품요리

# 수프카레

## 재료(2~3인분)

◇닭봉 …… 5개
◇당근 …… 1개
◇감자 …… 1개
• 양파 …… 1/2개

### 양념

• 물 …… 1큰술+600ml
☆고체 카레 …… 1조각
☆튜브 마늘 …… 5~6cm
☆카레 가루 …… 1큰술
☆케첩 …… 1작은술
◇과립 콩소메 …… 1작은술

### 볶음용

• 버터 …… 1큰술

### 추천 토핑

• 밥
• 삶은 달걀
• 가지(큼직하게 썰어 기름에 굽는다)

**응용 레시피**

## 카레리소토

수프카레에 밥과 치즈를 넣어 바짝 졸이면 카레리소토가 돼요!

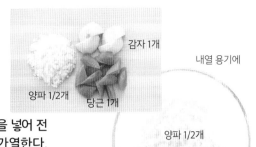

감자 1개
양파 1/2개
당근 1개
내열 용기에
양파 1/2개
물 1큰술
랩을 씌워
4분

### 1

다진 양파에 물을 넣어 전자레인지에서 가열한다. 당근, 감자는 한입 크기로 썬다.

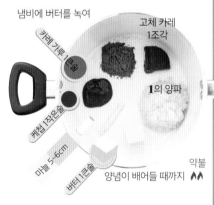

냄비에 버터를 녹여
카레 가루 1큰술
고체 카레 1조각
1의 양파
케첩 1작은술
마늘 5~6cm
버터 1큰술
양념이 배어들 때까지
약불

### 2

버터를 녹이고 ☆과 양파를 양념이 배어들 때까지 약불에서 볶는다.

뚜껑을 덮고
닭봉 5개
1의 당근
콩소메 1작은술
물 600ml
1의 감자
끓어오를 때까지
중불

### 3

◇과 물을 넣고 뚜껑을 덮어 끓어오를 때까지 중불에서 끓인다.

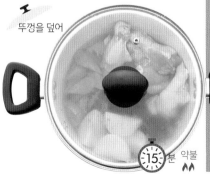

뚜껑을 덮어

### 4

약불에서 천천히 15분간 끓이면 완성.

15분 약불

옛날 생각나는 추억의 맛!

# 급식 카레

## 재료(4인분)

☆토막 낸 닭다릿살 …… 100g
• 양파 …… 1개
• 감자 …… 2개
• 당근 …… 1개

**양념**
☆올리브오일 …… 1큰술
☆과립 콩소메 …… 1작은술
☆물 …… 800ml
• 밀가루 …… 50g
• 카레 가루 …… 20g
• 소금 …… 2/3작은술

**볶음용**
• 버터 …… 50g

**추천 토핑**
• 밥
• 그린샐러드
• 방울토마토
• 스위트콘
• 스프링파슬리

**응용 레시피**
# 카레우동

냄비 바닥에 붙은 카레를 물과 멘
쓰유로 잘 풀어서 카레우동을 만
들어보세요!

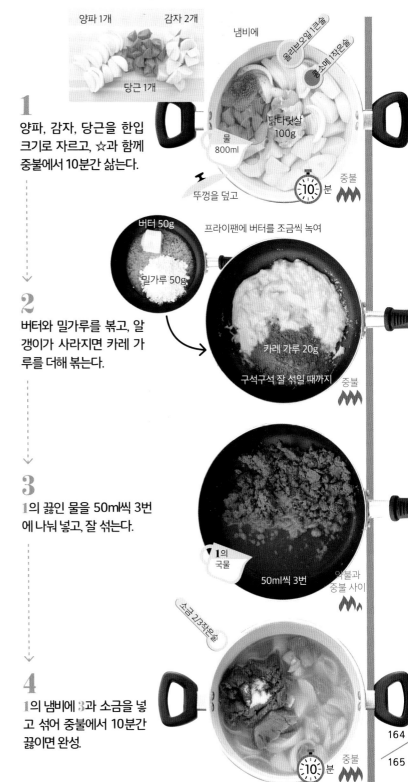

양파 1개    감자 2개

당근 1개

냄비에

올리브오일 1큰술

콩소메 1작은술

닭다릿살
100g

물
800ml

## 1
양파, 감자, 당근을 한입
크기로 자르고, ☆과 함께
중불에서 10분간 삶는다.

뚜껑을 덮고    10분    중불

버터 50g

프라이팬에 버터를 조금씩 녹여

밀가루 50g

카레 가루 20g

구석구석 잘 섞일 때까지    중불

## 2
버터와 밀가루를 볶고, 알
갱이가 사라지면 카레 가
루를 더해 볶는다.

## 3
**1**의 끓인 물을 50ml씩 3번
에 나눠 넣고, 잘 섞는다.

**1**의
국물

50ml씩 3번    약불과
중불 사이

소금 2/3작은술

## 4
**1**의 냄비에 **3**과 소금을 넣
고 섞어 중불에서 10분간
끓이면 완성.

10분    중불

# 심혈을 기울여 고기 풍미를 살린

# 비프카레

## 재료(4인분)

- 얇게 썬 우삼겹 …… 150g
- 양파 …… 1개

**양념**

- 요구르트 …… 2큰술
- 물 …… 1큰술+700ml
- 튜브 마늘 …… 5~6cm
- ☆순한맛 고체 카레 …… 2조각
- ☆매운맛 고체 카레 …… 2조각

**볶음용**

- 버터 …… 1큰술

**추천 토핑**

- 밥
- 피클
- 스프링파슬리

**응용 레시피**

# 카레도리아

밥 위에 남은 비프카레와 달걀, 치즈를 올려 전자레인지에 돌리면 카레도리아가 완성돼요!

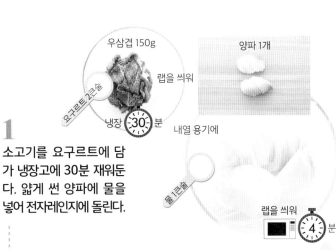

## 1

소고기를 요구르트에 담가 냉장고에 30분 재워둔다. 얇게 썬 양파에 물을 넣어 전자레인지에 돌린다.

우삼겹 150g
요구르트 2큰술
냉장 30분

양파 1개
랩을 씌워

내열 용기에
물 1큰술
랩을 씌워
4분

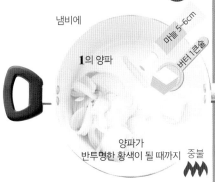

## 2

버터를 녹이고 양파, 튜브 마늘을 중불에 볶는다.

냄비에
1의 양파
마늘 5~6cm
버터 1큰술
양파가 반투명한 황색이 될 때까지  중불

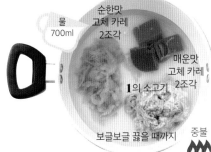

## 3

물에 ☆을 넣고 2의 양파, 1의 소고기와 함께 끓인다.

물 700ml
순한맛 고체 카레 2조각
매운맛 고체 카레 2조각
1의 소고기
보글보글 끓을 때까지  중불

## 4

뚜껑을 덮고 약불에 푹 끓이면 완성.

뚜껑을 덮고

\* 순한맛과 매운맛 고체 카레를 섞으면 더욱 깊은 맛이 납니다.

30분  약불

# 나를 위한 디저트

디저트라고 하면 재료를 사서 계량하고 순서에 따라……
생각만 해도 복잡합니다.
이처럼 만들기 힘들어 보이는 디저트도
아주 간단하게 만드는 방법을 소개합니다.
평범한 간식은 물론, 본격적인 티타임에도 어울리는
근사한 디저트를 모았습니다.
'만들고 싶어지는 간단한' 정통 디저트를 꼭 한번 즐겨보세요.

나를 위한 디저트

no.  **1**

진하고 촉촉한
# 가토쇼콜라

**재료**(직경 15cm의 원형 틀 1개 분량)

- 다크초콜릿 …… 100g
- 달걀 …… 2개
- 밀가루 …… 40g
- 버터 …… 60g
- 설탕 …… 20g

**추천 토핑**
- 오렌지
- 슈거 파우더
- 믹스 너트
- 민트

**응용 레시피**

가토쇼콜라가 남을 경우, 생크림이나 173쪽의 아이스크림을 올리면 파르페가 돼요!

**1**

달걀을 푼다.

달걀 2개

**2**

초콜릿과 버터를 중탕하여 섞고, 초콜릿이 녹으면 설탕을 넣어 섞는다.

초콜릿 100g

설탕 20g

버터 60g

중탕

**3**

중탕을 멈추고 **1**을 두 번 나눠 넣으면서 섞다가, 밀가루를 체에 쳐서 넣고 잘 섞는다.

두 번 나눠

**1**

밀가루 40g을 체 쳐서 넣는다

고무 주걱으로

**4**

틀에 **3**을 부어 넣고, 180도로 예열한 오븐에 구우면 완성.

* 다크초콜릿이 아닌 일반 초콜릿을 사용해도 괜찮습니다.

대꼬챙이에 반죽이 묻지 않으면 OK

180도

20 ~ 30 분

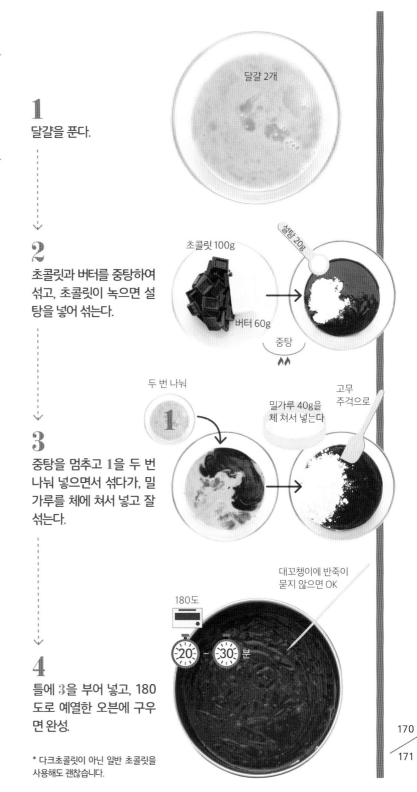

나를 위한 디저트

no. **2**

## 사과 본연의 달콤함을 살린
# 구운 사과

**재료**(1인분)

• 사과 …… 1개

**구이용**
• 버터 …… 20g

**추천 토핑**
• 아이스크림
• 처빌

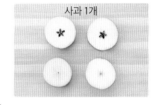
사과 1개

**1**
사과를 가로로 4등분한다.

프라이팬에 버터를 녹여

버터 20g

노릇하게
구운 색이 날 때까지

중불

**2**
버터를 녹여, 양면을 중불로 노릇하
게 구우면 완성.

* 슈퍼에서 판매하는 사과는 일반적으로 당도가 높
아서 설탕을 넣지 않아도 단맛이 납니다. 설탕을 사
용하지 않아 적당한 단맛이 나서 사과 본연의 맛을
즐길 수 있습니다.

나를 위한 디저트

no. **3**

## 재료는 단 3가지!
# 진한 바닐라 아이스크림

**응용 레시피**
## 아이스샌드

바닐라 아이스크림은 비스킷에
끼워 먹어도 맛있어요!

**재료**(만들기 쉬운 분량)

• 생크림 …… 200ml
• 달걀 …… 1개
• 설탕 …… 35g

**추천 토핑**
• 민트

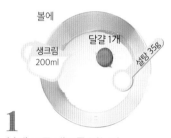

볼에

생크림 200ml　달걀 1개　설탕 35g

**1**
볼에 모든 재료를 넣는다.

거품기로

**2**
거품기를 들었을 때 **1**의 크림에 뿔
모양이 생길 때까지 힘차게 젓는다.

냉동할 수 있는 용기에

랩을 씌워

냉동　반나절

**3**
용기에 부어 냉동고에 넣어서 얼리면
완성.

# 궁극의 폭신함을 맛보다!

# 팬케이크

## 재료(3~4인분)

- 달걀 …… 2개
- 실탕 …… 1큰술
- ☆밀가루 …… 50g
- ☆우유 …… 40ml
- ☆설탕 …… 1큰술

### 구이용

- 버터 …… 1큰술
- 물 …… 1큰술+1큰술

### 추천 토핑

- 휘핑크림
- 요구르트
- 블루베리 소스
- 딸기
- 슈거 파우더
- 오렌지 껍질

변형 레시피
## 식사 대용 팬케이크

햄과 계란을 추가하면 팬케이크를 식사 대용으로 즐길 수 있어요!

\* 토핑을 올리지 않는 경우, 설탕의 양을 늘려도 괜찮습니다.

\* 머랭은 거품기를 이래도 되나 싶을 정도로 힘껏 저어서 만들어주세요. 더욱 폭신폭신하고 맛있는 팬케이크가 됩니다!

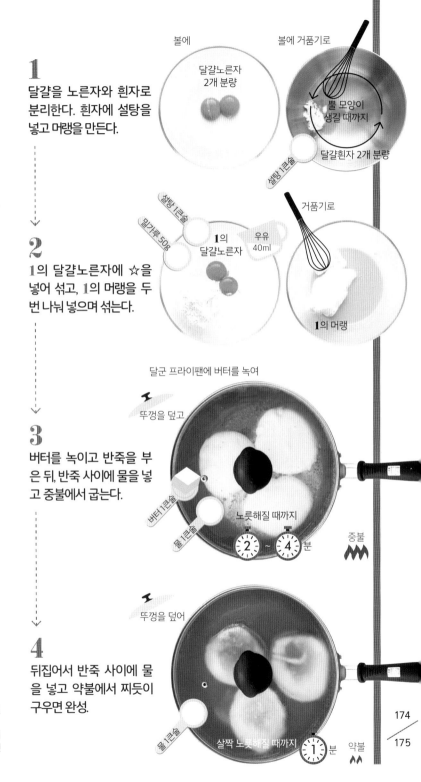

**1**

달걀을 노른자와 흰자로 분리한다. 흰자에 설탕을 넣고 머랭을 만든다.

볼에

달걀노른자 2개 분량

볼에 거품기로

뿔 모양이 생길 때까지

설탕 1큰술

달걀흰자 2개 분량

**2**

**1**의 달걀노른자에 ☆을 넣어 섞고, **1**의 머랭을 두 번 나눠 넣으며 섞는다.

밀가루 50g

설탕 1큰술

**1**의 달걀노른자

우유 40ml

거품기로

**1**의 머랭

**3**

버터를 녹이고 반죽을 부은 뒤, 반죽 사이에 물을 넣고 중불에서 굽는다.

달군 프라이팬에 버터를 녹여

뚜껑을 덮고

버터 1큰술

물 1큰술

노릇해질 때까지

**2** ~ **4** 분

중불

**4**

뒤집어서 반죽 사이에 물을 넣고 약불에서 찌듯이 구우면 완성.

뚜껑을 덮어

물 1큰술

살짝 노릇해질 때까지

**1** 분

약불

174

175

나를 위한 디저트

## no. 5

부드러운 달콤함
# 간단 바나나찐빵

**응용 레시피**
## 믹서가 필요 없는
## 간단 바나나우유

바나나를 툭툭 잘라 랩을 씌우고 전자레인지에 돌린 뒤, 으깨서 우유와 섞으면 완성돼요!

**재료**(직경 8㎝의 원형 내열 용기 4~5개분)

• 바나나 ······ 1개
• 핫케이크 믹스 ······ 150g
• 달걀 ······ 1개
• 우유 ······ 100㎖
• 설탕 ······ 2큰술

**추천 토핑**
• 바나나
• 아몬드 슬라이스
• 슈거 파우더
• 코코아

포크로
바나나 1개

# 1
바나나를 으깬다.

핫케이크 믹스 150g
나무 주걱 등으로
우유 100ml
달걀 1개
설탕 2큰술

# 2
**1**과 모든 재료를 잘 섞어 내열 용기에 넣는다.

뚜껑을 덮어
대꼬챙이에 반죽이 묻지 않으면 OK
프라이팬의 1/4 높이의 물

# 3
**7**~**9**분 약불

프라이팬 1/4 정도 높이로 물(분량 외)을 붓고 끓여, 용기째 약불에서 찌면 완성.

나를 위한 디저트

## no. 6

### 세상에서 가장 간단한
# 초코컵케이크

**재료**(직경 12cm, 깊이 5cm의 용기 1개 분량)

- 핫케이크 믹스 ⋯⋯ 30g
- 우유 ⋯⋯ 50ml
- 초콜릿 ⋯⋯ 5g
- 설탕 ⋯⋯ 1큰술
- 코코아 ⋯⋯ 1큰술
- 올리브오일 ⋯⋯ 1큰술

**추천 토핑**
- 슈거 파우더

내열 머그 컵에

우유 50ml · 초콜릿 5g · 코코아 1큰술 · 핫케이크 믹스 30g · 설탕 1큰술 · 올리브오일 1큰술

## 1
머그 컵에 모든 재료를 넣고 잘 섞어 준다.

대꼬챙이에 반죽이 묻지 않으면 OK

## 2
전자레인지에 돌리면 완성.

1 ~ 2 분

\* 다크초콜릿을 사용하면 고급스러운 달콤함과 깊이 있는 맛의 케이크가 완성되므로 추천합니다.

**응용 레시피**
### 핫초콜릿
우유에 남은 초콜릿을 넣어 전자레인지에 돌리면 핫초콜릿이 돼요!

나를 위한 디저트

no.

## 은은한 단맛
# 우유젤리

**재료**(100ml 용기 3개 분량)
_____

• 우유 ······ 300ml
• 젤라틴 ······ 5g
• 물 ······ 50ml
• 설탕 ······ 2큰술

_____

추천 토핑
• 민트

응용 레시피
## 커피우유젤리

인스턴트 커피 1작은술을 넣으면
커피우유젤리가 돼요!

냄비에

물
50ml

젤라틴 5g

**1**

냄비에 젤라틴과 물을 넣
고 섞는다.

설탕 2큰술

우유
300ml

**2**

우유, 설탕을 넣고 섞는다.

우유에 살짝
거품이 날 때까지
천천히 섞는다

**3**

살살 섞으면서 약불로 데
운다.

약불
∧∧

랩을 씌워

**4**

그릇에 부어 상온에 두어
식힌 뒤, 냉장고에서 굳히
면 완성.

* 설탕 양을 줄이는 대신 잼을 올려도
맛있습니다!

냉장 반나절

나를 위한 디저트

no. 8

예사롭지 않은 맛

수제 푸딩

**재료**(80ml 용기 5~6개 분량)

---

**푸딩**
- 우유 ······ 300ml
- 설탕 ······ 40g
- 달걀 ······ 3개

**캐러멜소스**
- 설탕 ······ 40g
- 물 ······ 3큰술
- 뜨거운 물 ······ 1작은술

---

**추천 토핑**
- 처빌

변형 레시피
# 푸딩아라모드®

생크림이나 과일 통조림을 얹으면 푸딩아라모드가 돼요!

● 푸딩에 과일, 쿠키, 크림 등 다양한 재료를 얹은 디저트.

## 캐러멜소스 만드는 법

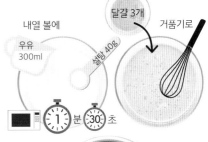

캐러멜색이 날 때까지 **2**분 **30**초

설탕과 물을 섞어, 전자레인지에 돌린다.

뜨거운 물을 넣는다.

잘 섞고 용기에 부어 넣는다.

**15**분

한 김 빼고 냉장고에서 식힌다.

## 푸딩 만드는 법

### 1
우유와 설탕을 섞어 전자레인지에 돌린다. 거품기로 잘 풀어준 달걀을 우유에 넣어 섞는다.

내열 볼에
우유 300ml
설탕 40g
달걀 3개
거품기로

**1**분 **30**초

### 2
체에 밭쳐 캐러멜소스 용기에 넣는다.

체

### 3
프라이팬에 용기가 반쯤 잠길 정도의 물(분량 외)을 부어 끓이고, 용기째로 약불에서 찐다.

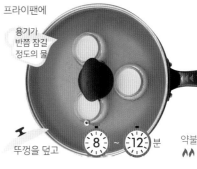

프라이팬에
용기가 반쯤 잠길 정도의 물

뚜껑을 덮고 **8** ~ **12**분 약불

### 4
김을 빼고 냉장고에서 식히면 완성.

냉장 반나절

손쉽게 만드는 본격 화과자

# 고구마양갱

**재료**(10×8cm의 용기 1개 분량)

• 고구마 …… 2개(약 250g)
• 물 …… 고구마가 잠길 정도
• 설탕 …… 30g
• 우유 …… 20ml

추천 토핑
• 볶은 검은깨
• 볶은 흰깨

**변형 레시피**

프라이팬에서 살짝 노릇해질 때
까지 굽고, 위에 버터를 올려 먹으
면 일본식 고구마빵 같은 느낌이
라 맛있어요.

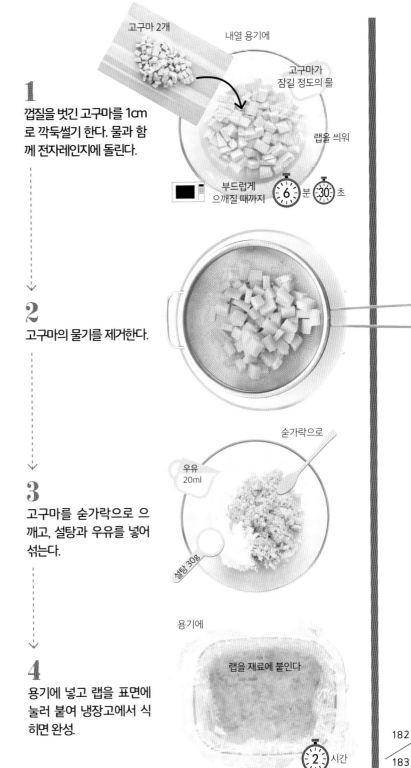

고구마 2개

내열 용기에

고구마가
잠길 정도의 물

랩을 씌워

**1**

껍질을 벗긴 고구마를 1cm
로 깍둑썰기 한다. 물과 함
께 전자레인지에 돌린다.

부드럽게
으깨질 때까지    **6** 분 **30** 초

**2**

고구마의 물기를 제거한다.

숟가락으로

우유
20ml

설탕 30g

**3**

고구마를 숟가락으로 으
깨고, 설탕과 우유를 넣어
섞는다.

용기에

랩을 재료에 붙인다

**4**

용기에 넣고 랩을 표면에
눌러 붙여 냉장고에서 식
히면 완성.

**2** 시간

촉촉한 식감이 너무도 유혹적인

# 빵가루케이크

## 재료(1인분)

- 빵가루 …… 20g
- 우유 …… 80ml
- 달걀 …… 1개
- 설탕 …… 1큰술

### 구이용
- 식용유 …… 1작은술

### 추천 토핑
- 휘핑크림
- 딸기

**변형 레시피**

## 바나나오믈렛

반으로 접을 때, 바나나와 생크림 등을 끼워 넣으면 오믈렛이 돼요!

우유 80ml

빵가루 20g

### 1
빵가루와 우유를 섞고 5분 간 둔다.

5 분

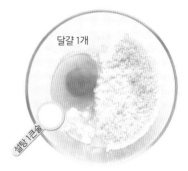

달걀 1개

설탕 1큰술

### 2
1에 달걀, 설탕을 넣어 섞 는다.

달군 프라이팬에

식용유 1작은술

### 3
식용유를 두르고, 노릇해질 때까지 중불에서 굽는다.

노릇해질 때까지

1 분   중불

뚜껑을 덮어

### 4
뚜껑을 덮고 약불에서 조 금 더 구워 반으로 접으면 완성.

\* 벌꿀 등 당분을 추가하지 않아도 맛 있게 먹을 수 있는 분량이지만, 설탕 양을 줄이고 잼을 얹어도 맛있습니다!

3 ~ 5 분   약불

184

185

나를 위한 디저트

## no. 11

### 숙성시키지 않아 금방 만드는
# 정통 초코칩쿠키

**변형 레시피**
## 아몬드쿠키

초콜릿 대신 아몬드를 넣으면 아
몬드쿠키가 돼요!

* 다크초콜릿이 아닌 일반 판 초콜릿도 OK.

**재료**(만들기 쉬운 분량)

- 버터 ⋯⋯ 40g
- 달걀 ⋯⋯ 1개
- 설탕 ⋯⋯ 30g
- 다크초콜릿 ⋯⋯ 160g
- 핫케이크 믹스 ⋯⋯ 150g

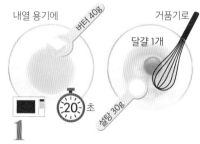

내열 용기에 · 버터 40g · 거품기로 · 달걀 1개 · 설탕 30g

## 1
버터를 전자레인지에 돌려 녹이고 달
걀과 설탕을 넣어 섞는다.

다크초콜릿 160g · 고무 주걱으로 · 핫케이크 믹스 150g

## 2
1에 부순 초콜릿, 핫케이크 믹스를
넣고 잘 섞는다.

트레이에 오븐용 시트를 깔고

대꼬챙이에 반죽이
묻지 않으면 OK

180도

## 3
둥글게 성형한 반죽을 180도로 예
열한 오븐에 구우면 완성.

# 단맛을 줄여 고급스러운
# 파운드케이크

**변형 레시피**

설탕 대신 잼을 넣으면 과일 풍미 케이크가 돼요!
ex. 블루베리잼을 넣으면 블루베리 케이크.

* 취향에 따라 버터뿐만 아니라, 올리브오일을 넣으면 풍미가 더해지고 깊은 맛이 나 더욱 맛있습니다.
* 생크림을 넣으면 더욱 맛있고, 우아한 기분을 내며 먹을 수 있습니다!
* 이번에는 종이 틀을 사용했습니다. 일반 빵에는 틀에 버터 10g을 바르면 다 구운 후에도 잘 떨어집니다.

**재료**(6×12cm의 깊이 4.5cm 파운드케이크 틀 1개 분량)

- 달걀 …… 2개
- 설탕 …… 80g
- 밀가루 …… 100g
- 버터 …… 90g

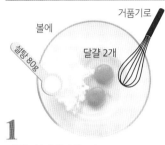

**1**

달걀, 설탕을 섞는다.

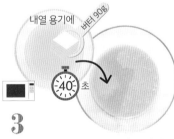

**2**

밀가루를 체에 쳐서 넣고 섞는다.

**3**

버터는 전자레인지에 돌려 녹인다.
2에 넣고 섞는다.

**4**

틀에 반죽을 부어 넣고, 180도로 예열한 오븐에 구우면 완성.

나를 위한 디저트

no.

부드러운 달콤함과 식감

# 수제 쿠키

**재료**(만들기 쉬운 분량)

- 달걀 …… 1개
- 버터 …… 50g
- 설탕 …… 40g
- 밀가루 …… 100g

**1**

달걀은 노른자와 흰자로 분리한다. 버터는 전자레인지에 돌려 녹인다.

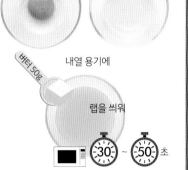

볼에
달걀노른자 1개분
달걀흰자 1개분

버터 50g
내열 용기에
랩을 씌워
30 ~ 50 초

**2**

**1**의 달걀노른자에 설탕을 섞는다. 설탕이 다 녹으면 밀가루를 체에 쳐서 넣고 버터도 추가해, 다시 알갱이가 사라질 때까지 잘 섞는다.

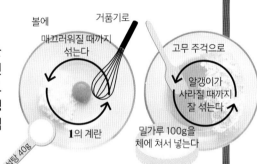

볼에
거품기로
매끄러워질 때까지 섞는다
설탕 40g
**1**의 계란

고무 주걱으로
알갱이가 사라질 때까지 잘 섞는다
밀가루 100g을 체에 쳐서 넣는다

**3**

랩으로 감싸 원기둥꼴로 만든 후 냉장고에 넣어둔다.

랩에
길이 약 13cm
냉장 30 분

**4**

5mm 정도의 두께로 자른다. 트레이에 올려 표면에 달걀흰자를 바르고 180도로 예열한 오븐에 굽는다. 식으면 완성.

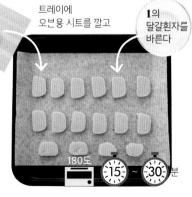

트레이에 오븐용 시트를 깔고
**1**의 달걀흰자를 바른다
180도
15 ~ 30 분

**변형 레시피**

## 오리지널 쿠키&크림

173쪽의 바닐라 아이스크림과 부순 쿠키를 섞어 함께 먹으면 바삭한 식감 덕에 더 맛있어져요!

* 가정의 오븐은 같은 온도로 설정해도 저마다 강도가 다르기 때문에 먼저 15분 정도 구워보고, 익지 않았을 경우 5분을 추가하는 등 상태를 보면서 굽는 것이 좋습니다!
* 다 익어도 바로 먹지 말고 열기를 잘 식혀주세요.

나를 위한 디저트
no. 14

아몬드 초콜릿으로 만드는
# 일품 초코무스

**재료**(150ml 그릇 1개 분량)

• 아몬드 초콜릿 …… 1상자(90g 정도)
• 달걀 …… 2개

추천 토핑
• 아몬드 초콜릿(부순 것)
• 코코아 파우더

**1**

달걀을 노른자와 흰자로 분리한다. 달걀흰자를 섞어 머랭을 만든다.

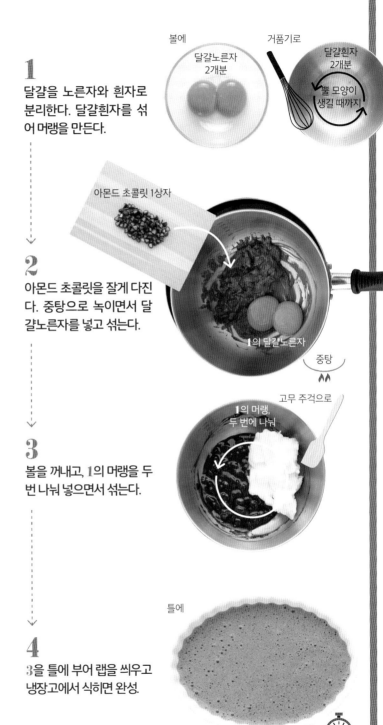

볼에
달걀노른자
2개분

거품기로
달걀흰자
2개분
뿔 모양이
생길 때까지

아몬드 초콜릿 1상자

**2**

아몬드 초콜릿을 잘게 다진다. 중탕으로 녹이면서 달걀노른자를 넣고 섞는다.

1의 달걀노른자

중탕

고무 주걱으로

1의 머랭,
두 번에 나눠

**3**

볼을 꺼내고, 1의 머랭을 두 번 나눠 넣으면서 섞는다.

**응용 레시피**
## 초코빵

초코무스는 식빵에 바르면 초코빵이 돼요!

틀에

**4**

3을 틀에 부어 랩을 씌우고 냉장고에서 식히면 완성.

냉장 반나절

* 차가운 디저트의 경우에는 달콤한 초콜릿을 사용하는 편이 좋습니다.

# 남은 달걀흰자로 만드는
# 시폰케이크

달걀노른자를 올리면 맛있어지는 요리가 많지만,
그렇게 되면 달걀흰자만 남고 맙니다.
그런 고민에 대한 해답을 알려드릴게요. 남은 달걀흰자는
냉동해서(84쪽 응용 레시피) 냉동고에 보관해두세요.
모아두었다가 시폰케이크를 만들 수 있습니다.

## **1**
볼에 달걀흰자와 설탕을 넣어 머랭 상태
가 될 때까지 섞는다.

## **2**
핫케이크 믹스, 우유, 식용유를 넣고 주걱
으로 잘 섞는다.

## **3**
틀에 반죽을 흘려 붓고 180도로 예열한
오븐에서 25~30분간 굽는다(대꼬챙이
를 찔러 반죽이 묻어나지 않으면 완성).

**재료**(시폰케이크 틀 1개 분량)

- 핫케이크 믹스 …… 100g
- 우유 …… 2큰술
- 식용유 …… 2큰술
- 설탕 …… 60g
- 달걀흰자 …… 3개 분량

## 달걀흰자가 남는 레시피는 여기!
(달걀노른자를 사용하는 레시피)